Multiplicando a Genialidade

Sergio Antonio Meneghetti

Pindamonhangaba – São Paulo – Brasil

Junho de 2025

Segunda Edição

Sergio Antonio Meneghetti

Capa: Sergio Antonio Meneghetti

Edição: Sergio Antonio Meneghetti

ISBN: 9798603411408

Selo editorial: Independently published

Ao Leitor:

Nesta segunda edição, houve a necessidade de acréscimo de novas informações e casos importantes, principalmente na área científica. Esse livro é a minha obra mais vendida nos Estados Unidos.

A intuição é fato. Ela está presente em todas as mentes da humanidade, em maior ou menor grau.

A civilização está na fase de consciência (Razão e Análise) e caminhando para a superconsciência (Intuição e Síntese = Gênio).

Estas linhas mostram a intuição nas formas científicas e práticas e o caminho para desenvolver a sua Genialidade interior.

São mais de trinta anos de pesquisa e experiências na área intuitiva.

A intuição atua em todas as áreas do conhecimento humano, é um fenômeno universal que antecipa o futuro. O futuro provém da mente humana.

Esse é o processo de percepção e pesquisa mais avançado que o ser humano possui, pois ocorre no espírito. Isso permite ao ser humano sentir e visualizar fenômenos além das percepções materiais, conhecidas como os cinco sentidos.

O objetivo deste livro é mostrar o caminho para entender como funciona o fenômeno intuitivo, que ele é algo lógico e científico e que o Gênio é uma conquista pessoal através do esforço e do aperfeiçoamento.

Sumário

Introdução

Sou uma pessoa **intuitiva** desde a primeira juventude, pesquisei e também sou objeto de pesquisa sobre o assunto.

Este trabalho é destinado a todos os profissionais, empresários, empreendedores, estudantes, pesquisadores e naturalmente às pessoas que buscam conhecimento.

O que repartirei com você, é fruto de vivência pessoal no trabalho e na vida. No decorrer da obra veremos casos demonstrando o que é proposto para o seu **crescimento profissional, pessoal, acadêmico e nas pesquisas**. É uma forma totalmente diferente de absorver conhecimento.

Casos como:

- Aprovação de projetos importantes na área automotiva.

- Tomada de decisão vital para um negócio importante.

- Atenção à intuição que salvou a minha vida de um acidente eminente.

- Recebimento de um e-mail resposta (35 linhas) do então presidente Barack Obama.

- Ideias que geraram melhorias e economia no ambiente profissional.

- Visões e percepções importantes na área cientifica.

Pelo que irei apresentar, você já irá se deparar com conceitos completamente diferentes do tradicional, e isto por um simples motivo: A raça humana está atingindo uma maturidade intelectual e espiritual suficiente para entender os fenômenos cientificamente, o que não seria possível no passado. É por este caminho que eu quero lhe ajudar a melhorar e progredir em todas as áreas.

Se você quer ser empreendedor, perceberá o melhor caminho nas ideias.

Se você é profissional, dono de uma empresa ou negócio, aqui você verá que a intuição é uma ferramenta importante na conquista dos seus desafios.

Se você é um estudante, estará desde já se preparando para ser incluído no mercado com algo a mais a oferecer.

Se você é pesquisador, pode ter certeza, esta é a ferramenta mais avançada que existe na área das pesquisas.

E se você quer crescimento intelectual, você também será beneficiado por este fenômeno chamado "Intuição" ou o famoso "Insight".

Observe uma coisa importante: "Tudo o que **foi**, **é**, e **será** construído pelo ser humano, nasce em sua mente".

A expansão da sua mente será a alavanca para o seu crescimento em todas as áreas.

Falarei de coisas difíceis sobre o universo e vida, mas não se preocupem, estas informações são necessárias apenas para mostrar os degraus da evolução, até chegar ao foco do nosso estudo.

Outro fator importante é: Aqui você irá se deparar com conceitos completamente novos, e isto pode causar certa dificuldade no entendimento, porém, não posso mostrar um caminho novo por velhas estradas.

Ajudarei a sua mente a se abrir para poder desvendar novas possibilidades, e assim você estará preparado para "Criar e Inovar" na sua vida e no seu trabalho.

Comece já a imaginar que tudo o que você está acostumado a ver "pode ser feito de outra forma". Qualquer trabalho ou jeito de viver.

Posso garantir que é uma estrada diferente e excitante.

No começo parece ser apenas o fragmento de uma ideia, mas quando se dá atenção e procura desenvolver a ideia, ela cresce de forma surpreendente.

Você começará a entender um formato diferente de adquirir conhecimento. E o mais importante:

"Este conhecimento virá de dentro de você".

Vale lembrar que a maioria do conhecimento novo e revolucionário aconteceu de forma não tradicional, mas como verdadeiros relâmpagos nas mentes brilhantes e confiantes.

"Não são os gênios que revelam a genialidade, mas a genialidade das ideias que revelam o gênio".

Em outras palavras: São pessoas normais que se revelam a cada dia.

Você **pode** ser uma grande fonte dessas novas ideias, basta **querer** e se **esforçar**, e não importa o tamanho da ideia.

Riquezas e vitórias, isto será consequência do esforço de cada indivíduo.

Pode ter certeza de uma coisa: Você vai encarar o mundo de uma forma mais complexa, perfeita e lógica.

Tendo consciência deste fato, você já deu um passo enorme em relação à média da civilização.

Hoje posso transmitir informações já experimentadas por esse canal psíquico, inclusive conhecimento inédito. Os detalhes que apresento são frutos de visões e estudos e constam em outras obras específicas.

Entre as obras citadas, tenho que apresentar o livro base que foi fundamental para o meu entendimento:

"A Grande Síntese" de Pietro Ubaldi, escrita por processo intuitivo entre os anos de 1931 e 1935.

1

Escalas Perceptivas

O assunto percepção que será tratado neste livro é a chave para o progresso que nos espera.

A humanidade se esqueceu, ao longo do tempo, de algumas das suas potencialidades por imaginar ou jogar todas as suas possibilidades na materialidade das coisas. Dessa forma, o homem perdeu o endereço do seu potencial interior, quem ele realmente é e como poderia avançar nesse sentido.

O processo tradicional de aprendizado gerou muitos avanços até o momento, mas, para os novos desafios, assim como a dependência de tecnologias, os fenômenos, sejam esses físicos, químicos, biológicos ou outros, necessitarão de novas ferramentas para seu entendimento e observação.

Essas revoluções tecnológicas para impulsionar o progresso acontecem, como, por exemplo, é o caso do computador, que, mesmo quando se tem apenas o armazenamento de dados em mente, já evitou arquivos de milhões de páginas. Em outras palavras, para grandes desafios, surgem novas formas mais eficientes e compactas para resolver a situação.

No caso da vida, esse processo evolutivo também acontece e isso parte do rústico até sistemas mais refinados e complexos.

Por esse livro não ter a intenção de ser profundo em certos assuntos, pois a quantidade e fontes de informações seriam grandes e desvirtuariam a intenção da obra, colocarei de forma sintética algumas informações.

Evolução da Percepção

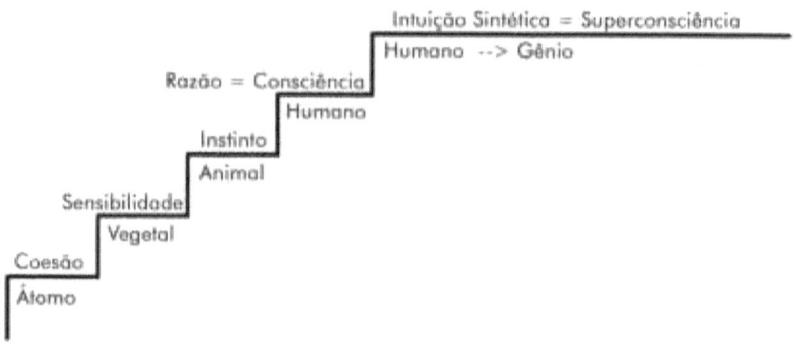

Figura 01

Embaixo de cada degrau da escada está a manifestação e, em cima, está o processo de percepção.

- O contato entre a individualização atômica vai perceber outro átomo através do fenômeno coesivo.

- Na próxima fase evolutiva, no caso, o vegetal, o sistema já está mais refinado e evoluído e, nessa fase inicial da vida, o contato de informação com outras formas acontece por sensibilidade.

- Quando a vida sobe mais um degrau e atinge a fase animal, o processo de percepção com o externo adquire a característica de instinto.

- Continuando a escalada evolutiva, a fase animal chega ao ponto que revolucionária todo o meio existencial e, nesta fase, o progresso acontece de forma muito mais complexa e organizada, pois, nesse momento, o ser humano adquire a consciência.

- Na atualidade – e não me refiro apenas aos anos em que vivemos, mas aos últimos milênios –, a civilização está na fase transitória entre a consciência e a superconsciência.

Nas quatro fases anteriores, os meios de percepção utilizaram o meio material como instrumento de emissão e captação de informações – os mais conhecidos dentre eles, o tato, a audição, o paladar, o olfato e a visão.

Já no caso da superconsciência ou Intuição, o processo muda de qualidade, passando da interação material para uma interação mais abstrata. Nessa fase evolutiva, o espírito se torna mais presente como instrumento de percepção.

É imperativo lembrar que esta é uma simplificação e que, quando se fala em espiritualidade, aborda-se aqui de forma mais científica do que religiosa.

Com o refinamento perceptivo e sua complexidade, seria importante para os seres humanos conhecer mais sobre a espiritualidade e seus mecanismos. Essa é uma razão de tê-la abordado, ainda que sem profundidade.

Em resumo, a glândula pineal age como antena, um instrumento receptor das informações que se manifestam em outros campos vibratórios do universo.

Nessa fase, esse instrumento delicadíssimo capta as informações, geralmente através de ondas eletromagnéticas, e o cérebro faz o trabalho de tratar as informações.

Desde logo, o leitor se depara com conceitos ainda não abarcados pela ciência contemporânea, dado que ainda se criam dúvidas quanto à escala evolutiva. Mesmo com o trabalho de Charles Darwin, ainda existem perguntas a serem respondidas e, aos poucos, a ciência vai montando este fio condutor.

Apesar de ser uma escada evolutiva com aparentes vácuos ou abismos entre um degrau e outro, temos que ter em mente que, pela lógica científica, a partir do momento em que ocorra a quebra da ligação entre uma fase e outra, a evolução também se quebra. Seria como uma longa escada cortada em pedaços, formando, assim, escadas menores.

Deve, portanto, existir um mecanismo fenomênico que promove a continuidade entre as fases, mesmo que ainda não tenhamos o conhecimento desses processos.

Outra informação importante e polêmica sobre essa continuidade evolutiva é que, no caso da vida, por exemplo, a morte do corpo não destrói a essência que comanda, ou seja, o espírito ou o eu.

Pelas leis da Física, o nada não gera nada, assim, algo existindo, sempre existirá de alguma forma.

Com esses poucos esclarecimentos, podemos deduzir que, se não pode ocorrer o rompimento evolutivo, o ser humano é um depósito de informações geradas ao longo de todas as suas existências nessa escada crescente e complexa.

Filosoficamente falando, o nosso potencial intelectual, espiritual e biológico é fruto de nós mesmos. Isso pode explicar as diferenças no potencial individual.

Ao amigo leitor, já fica um pouco mais esclarecido que você tem o potencial latente dentro de você, só falta desenvolver esse tesouro adormecido.

Texto da obra: A Grande Síntese de Pietro Ubaldi

Vocês já veem como o edifício que a razão é capaz de construir pode antecipar a observação direta; este é apenas o caminho vulgar de um pensamento que sempre se apoia em fatos. Imaginem a que descobertas vocês podem chegar rapidamente, quando os problemas científicos são enfrentados intuitivamente, como eu lhes disse. Aliás, as verdadeiras e grandes descobertas foram todas lampejos da intuição genial, o super-homem do futuro que, saltando além das formas racionais de pesquisa, antecipa as formas intuitivas da humanidade futura. Os grandes saltos foram dados pelo homem, nunca experimentalmente, nunca racionalmente, mas pela intuição, verdadeiro e grande sistema de pesquisa do futuro.

A Intuição na Visão da Ciência e da Filosofia

· *Albert Einstein* – *"Não existe uma maneira lógica de descobrir as leis do universo, a única maneira é a Intuição"*

· *Steve Jobs* – *"Ouça a sua Intuição"*

· *Nikola Tesla* – *Ele viu o Motor de Corrente Alternada através de um processo intuitivo.*

· *Carl Jung* – *"A intuição é o coração na prática"*

· *Henri Poincaré* – *"Provamos pela lógica, mas descobrimos pela intuição"*

· *Arthur Schopenhauer* – *"A intuição não é opinião; é a coisa em si"*

· *Joseph Joubert* – *"A razão pode nos alertar mais do que evitá-la, apenas a Intuição nos diz o que fazer"*

· *James Balmes* – *"Uma das características do gênio é a Intuição: ver sem esforço o que outros só descobririam com muito trabalho"*

· *Immanuel Kant* – *Todo o conhecimento humano começou com intuições, passou daí para conceitos e terminou com ideias.*

· *Immanuel Kant* – *Pensamentos sem conteúdo são vazios; intuições sem conceitos são cegas.*

· *Epicuro* – *É verdade tanto o que vemos com nossos olhos quanto o que aprendemos por meio da intuição mental.*

2

Dimensões

Entendido um pouco do processo de evolução e criação da vida, agora esta linha evolutiva será colocada em uma régua dimensional, ou numa escala crescente, relacionando os fenômenos com as distintas dimensões.

A grande maioria sabe que a Primeira Dimensão Espacial é a expressão de uma linha, ou vulgarmente falando, a ligação de um ponto a outro ponto (reta).

A Segunda Dimensão Espacial tem a característica de superfície, ou seja, a ligação de um ponto a vários pontos num mesmo plano (lado x lado).

A Terceira Dimensão Espacial tem a característica de volume, ou seja, a superfície ligando-se a pontos perpendiculares a esta (lado x lado x altura).

Para quem não está acostumado com a linguagem cientifica, pode ter uma noção melhor imaginando uma linha no chão de sua casa (Primeira Dimensão), ou o chão da sua casa (Segunda Dimensão), e um cômodo da casa que contém o chão, paredes e o teto (Terceira Dimensão).

Estas dimensões podem variar de tamanho, e de alguma forma podem ser mensuradas.

Agora, complicando um pouco, as próximas dimensões não podem ser espaciais, pois, o volume envolveria qualquer outro tipo imaginável de dimensão espacial.

A próxima dimensão, ou a Quarta Dimensão, já é conhecida pela ciência como o Tempo, e neste caso, a dimensão deixa de ser algo espacial, e tem uma característica conceitual, ou algo que está mais perceptível na mente do que em algo concreto.

Segundo a obra A Grande Síntese, esta sequência é uma nova trindade dimensional, ou, mais três dimensões com característica conceitual.

Assim sendo, o tempo nasceu com a degradação da matéria na sua primeira formação, e esta degradação gerou uma velocidade de transmissão do fenômeno (a onda).

Esta velocidade de transmissão tem uma característica linear (Primeira Dimensão Conceitual).

Assim como na segunda dimensão espacial a superfície é construída por linhas, na segunda dimensão conceitual o processo é similar repetindo o mesmo modelo.

A evolução deste psiquismo após várias fases chegou ao estado Consciência (Razão e Análise), fase atual da população da Terra. Nesta fase, a razão e a análise têm a característica de superfície, ou, raciocina-se uma situação, faz uma análise da mesma, e conclui-se gerando um resultado. Neste caso, pode-se dizer que isto se manifesta na Segunda Dimensão Conceitual.

O próximo grande passo do ser humano está na Terceira Dimensão Conceitual, ou seja, a Superconsciência (Intuição e

Síntese = Genialidade). A visão e entendimento de uma situação ou fenômeno de forma global e instantânea. Esta situação tem a característica volumétrica.

Para ficar mais fácil ao entendimento, faz-se um comparativo:

- Imagine que você está sentado assistindo a apresentação de uma sinfônica. Você verá o maestro, após, os músicos e todos os objetos que estão no local de forma fracionada, ou seja, seu cérebro vai observando, raciocinando e analisando todas as informações, desta forma, você terá depois de algum tempo a ideia do conjunto, incluindo o som. (Segunda dimensão conceitual = consciência)

- Agora, imagine você no alto sobre a orquestra, de olhos fechados. A partir do momento que você abrir os olhos, você terá uma visão instantânea desta orquestra, assim, num tempo mínimo, você terá toda a informação sobre o assunto, quase que fora do tempo e espaço.

Neste segundo caso, o cérebro percebeu o conjunto de forma sintética e instantaneamente.

É um exemplo meio grosseiro, mas é mais ou menos assim que se processa a informação nesta Terceira Dimensão Conceitual.

Outro exemplo, que muitos podem ter tido dentro de seus lares é o seguinte:

- A sua mãe, ou outro membro da família, percebe ou sente que algo está acontecendo com outro membro desta família, que está distante. Geralmente de mãe para filhos.

Nesta situação, a mãe percebe algo que está acontecendo, sem ver ou observar o fenômeno. Este acontecimento é registrado fora do tempo e do espaço, se assim podemos definir.

Desta forma, pode-se montar e pontuar na régua evolutiva, onde a Intuição e a Síntese se encontram na evolução do cosmo e do ser humano.

Dimensões Espaciais:

Primeira Dimensão Espacial (Linha)

Segunda Dimensão Espacial (Superfície)

Terceira Dimensão Espacial (Volume)

Dimensões Conceituais:

Primeira Dimensão Conceitual (Tempo – Linha)

Segunda Dimensão Conceitual (Consciência – Superfície – Fase atual)

Terceira Dimensão Conceitual (Superconsciência – Volume – Genialidade)

Esta é a grande base cientifica que os estudiosos da Intuição desconhecem, pois, na sua grande maioria, só estudam o fenômeno externamente e indiretamente, em outras palavras, é normal se ouvir falar no "Insight", ou manifestação intuitiva. Sabem que algo acontece e se manifesta, porém, desconhecem o como e o porquê deste processo.

Como a intuição é observada ou percebida pelo instrumento espiritual, fica mais difícil testar o fenômeno direta e materialmente, portanto, a prova maior da existência do fenômeno intuitivo serão os fatos resultantes desse processo, ou seja, há a percepção ou visão de algo, muitas vezes fora do tempo e espaço, e, depois que ele acontecer, o fenômeno fica chancelado como verdadeiro.

3

Genialidade

A genialidade pode ser sinônimo de talento pessoal, e todo ser humano possui um talento pessoal, em menor ou maior grau.

Este talento se manifesta em todas as áreas, desde a arte até as mais simples habilidades, pois, são manifestações individuais exteriorizadas em sua forma aperfeiçoada.

A genialidade não é um dom, mas o resultado do esforço de cada ser humano na sua eterna caminhada.

Em resumo, é a dilatação da consciência caminhando para uma superconsciência.

A genialidade é um tesouro interno a ser desenvolvido pelo esforço individual.

Quanto mais cedo o ser humano se conscientizar deste tesouro interno, mais rápido o progresso do planeta se fará.

Há muita confusão entre genialidade, inteligência e acúmulo de informações.

- A genialidade é criadora, perceptiva, visionária, e acima de tudo altruísta.

- A inteligência é a facilidade de raciocinar, analisar, refletir e trabalhar as situações.

- O acúmulo de informações é a facilidade de arquivar, extrair, informar e demonstrar conteúdo.

Na genialidade, o ser humano pode ser desprovido de cultura ou conhecimento acadêmico, mas pode ser gênio no seu tamanho intelectual.

Na inteligência, o ser humano trabalha com facilidade as informações que possui em mãos, tira o máximo de proveito destas informações gerando um novo conjunto partindo destas, porém, tem dificuldades de criar algo inédito, fora dos conceitos adquiridos.

No caso do ser humano bem-informado, para tudo o que for perguntado este terá a resposta, mas tem dificuldade de gerar ou trabalhar estas informações, e dificuldade de criar ou aceitar algo novo.

Não há demérito nestas condições expostas, pois, cada ser humano possui suas qualidades e necessidades.

Não se deve rotular ou menosprezar as diferentes capacidades ou deficiências. Todos têm sua nobre função na engrenagem do progresso.

Esclarecendo essas diferenças, podemos mostrar que a genialidade está intrinsecamente ligada à evolução do ser humano.

Ninguém se tornará gênio comprando comprimidos para o cérebro na farmácia, ou gerando técnicas de aprendizado e memorização, mas essa capacidade pode e deve se desenvolver quando a pessoa já percebe algumas situações em que sai da normalidade.

O importante, nesse contexto, é cada um se conhecer interiormente, se observar, dar atenção aos pensamentos mais fortes como se eles fossem um aviso ou a ideia de algo inédito.

Observando a Escada Perceptiva, há outro ponto interessante: como no aprendizado comum existe o acúmulo de informações, nas fases existenciais, desde o átomo ao gênio, as informações também ficam gravadas em todo esse processo, ou seja, toda a vivência fica registrada no ser, ou, para ser mais direto, no espírito, que é a fase eterna. Dessa forma, quando uma visão ou ideia chega, naturalmente em quem acontece essa possibilidade, já se tem material intelectual para poder trabalhar as novas informações.

O ser humano não precisa ser como os gênios que mudam o curso da história, mas dar vazão àquilo que lhe compete.

É importante observar também que os gênios eram pessoas com qualidades morais e condutas simples. O fruto social era sempre o escopo dos seus trabalhos.

Multiplicando a Genialidade

4

Onde

Empresas

Pesquisas

Meio acadêmico

Artes

Forças Armadas

Personalidades

Cotidiano

A ciência deve absorver a fé não como algo de cunho religioso, mas como a manifestação de um fenômeno psíquico de alto poder sobre a matéria e acontecimentos.

Com esta força sútil e altamente refinada pode-se plasmar o mundo.

Empresas

As empresas são um ótimo campo para a utilização da intuição.

A diversidade pessoal, profissional, de processos, de tecnologias e outros fatores, geram um ambiente de necessidades, e esta ferramenta pode dar as mais variadas respostas, desenvolvendo desta forma, o potencial de cada membro do conjunto.

O apelo a constante inovação e produtividade, aliadas ao lucro (vida da empresa), são molas que impulsionam o progresso como um todo.

Muitas empresas nascem justamente sobre as grandes ideias, assim como novos produtos e processos. O como fazer é essencial para dar maior dinâmica aos resultados.

A intuição ou o desenvolvimento da genialidade individual, não está restrito a um profissional, a uma equipe ou área, mas, ela atua em cada ponto onde tenha necessidade, portanto, ela se faz necessária em toda a linha hierárquica. Todos podem contribuir no tamanho do seu desempenho.

Investir no potencial humano, no sentido de lhe proporcionar uma nova visão do seu potencial interno, sai muito mais barato do que a troca de equipamentos, por exemplo.

Uma boa ideia pode evitar desperdícios; economizar matéria-prima, tempo, recursos naturais, ocupação de áreas; e gerar produtos melhores em todos os aspectos.

No quesito "Segurança", que é de extrema importância, a atenção à intuição pode evitar acidentes, doenças e salvar vidas.

No capítulo "Casos" mais a frente, haverá informações práticas valiosas demonstrando estes aspectos.

Pesquisas

Nas pesquisas são investidos milhões, tanto em tecnologia, como em capital humano.

Tudo isto é essencial para o bom andamento do progresso científico em todas as áreas, mas, numa observação rápida, pode-se observar que tudo isso só se torna necessário após o nascimento ou geração das grandes ideias.

Observe o quanto uma ideia gerou de progresso graças a Teoria da Relatividade de Albert Einstein, ou Isaac Newton, e outros inumeráveis, em várias áreas da ciência.

Neste capítulo eu gostaria de fazer uma observação vital para este livro, dando uma visão diferente da questão "importância do fato". Falando nos gênios, praticamente toda ciência dá atenção a dois fatores:

- Primeiro, na ideia em si, e no seu conteúdo revolucionário.

- Segundo, no autor da ideia, ou o gênio que soube trabalhar esta informação valiosa.

O que a ciência pouco pesquisa, é o "como" este processo psíquico funciona. O "como" nasceu esta visão ou processo de percepção.

Este é o escopo dessa obra, mostrar o "como" acontece este processo, e o que é necessário para desenvolvê-lo.

Fica um desafio para as áreas de pesquisa:

- Investir em tecnologia e crescimento acadêmico, ou investir nesta linha de pesquisa abstrata? Eu diria que no conjunto, a somatória sempre será mais produtiva.

Aqui vai outra observação ao meio científico:

- A ciência ainda trabalha muito alicerçada na Razão e Análise, dando pouco espaço à Intuição e Síntese.

Não é uma observação no sentido pejorativo, mas, pela Intuição e Síntese serem passos no caminho do futuro, esta superconsciência ainda é menosprezado por muitos que desconhecem seus fenômenos.

Como a ciência tem certo domínio sobre o "Relativo ou Tempo e Espaço", quando o assunto começa a se manifestar no "Absoluto, ou algo abstrato sem Tempo e Espaço", a repulsa é natural, pois, foge do campo da consistência da comprovação usual.

Utilizando o exemplo de Einstein, testar a Teoria da Relatividade foi dificultoso, mas possível. Porém, testar o fenômeno psíquico que ocorreu em frações de segundos na sua mente para realizar a observação da teoria, dificilmente será possível.

Meio Acadêmico

Escola, ambiente modelador da raça humana.

A pluralidade do conhecimento caminha pelos seus corredores, ambiente fértil para alimentar a alma, celeiro inesgotável do saber.

Não importa o canto do mundo, a escola sempre será vital na vida do ser humano.

Todo local que traz o crescimento humano deve ser um local abençoado, pois, está ajudando a construir o maior tesouro que o ser humano pode adquirir; o conhecimento, e com este, a sua liberdade incondicional.

Nada é tão importante quanto uma mente livre para voar no campo do abstrato, gerar pensamentos, e distribuir esta dádiva que vêm do centro moral do universo.

O universo possui todas as possibilidades, e é na busca destas que devemos caminhar.

Em tudo há uma ciência secreta a ser desvendada e assimilada; e o véu aparente, é apenas o ignorar deste tesouro.

Cada átomo organizado no corpo humano, é resultado do aprendizado milenar do psiquismo. Não há desordem no universo, tudo caminha seguindo um caminho ascensional sem volta. A evolução não para no relativo.

Observe o conhecimento expressado para as tenras idades, é transmitido com palavras simples, comparando da forma mais rústica o que a criança pode absorver. Com o passar do tempo e o acúmulo de bagagem, o ser humano ou o eterno aluno da vida, vai tendo condições para entendimentos mais complexos.

Na maturação da mente e do entendimento, o conhecimento já pode ser expresso de forma profunda e científica, ou seja, a demonstração da ciência de como o fenômeno acontece.

Hoje, isto é permitido porque a raça humana percorreu um longo caminho, assim, saiu da infância como civilização e está pronta para voos mais altos e mais profundos.

O homem penetrou na intimidade da matéria, e já manipula suas energias, já tirou os pés do chão terrestre se lançando no cosmo, mas, ainda necessita ter o mesmo arrojado desprendimento para se lançar no campo moral.

Sem este equilíbrio, a humanidade pode sofrer efeitos causados pelo desconhecimento de leis que tudo regulam.

Numa analogia, comparando o início do saber disseminado no planeta, pode-se observar que a raça humana no passado, não possuía entendimento suficiente para poder entender a ciência, ou o mecanismo das coisas como na atualidade. Mas, de alguma forma o conhecimento descia nas mentes mais avançadas, e com palavras simples e comparações de fácil entendimento, as grandes verdades eram ensinadas.

Como os ditos profetas, santos, mestres, oráculos, anciãos, sacerdotes ou outros títulos, poderiam saber destes conhecimentos que davam rumo ao povo daquela época?

Como acontecimentos ou fenômenos eram explicados naqueles tempos? Atualmente, muito destes conhecimentos são trazidos à claridade pela comprovação científica.

Qual é a relação entre uma profecia e a sua constatação tempos depois?

Recorrendo as informações no capítulo: "Dimensões", pode-se entender que somente uma mente já evoluída poderia estar apta a intuição e a síntese. Em outras palavras; a intuição e a síntese são fenômenos abstratos, fora do tempo e espaço, assim podem ser explicados estes fenômenos da visão do futuro ou informações que antecipavam conhecimentos.

Se a Criação utilizou destes artifícios para o progresso deste planeta, então, hoje já podemos ter uma ideia do que nos espera com o desenvolvimento desta capacidade.

Existe algo mais importante neste contexto, que talvez a maioria dos leitores não perceberam; o aprendizado começa a mudar de fonte, ou seja, hoje o aprendizado vem de fora para dentro do ser humano, mas, com a expansão da consciência ou superconsciência, o conhecimento virá de dentro para fora.

Sendo mais científico, o ser humano não apenas observará os fenômenos do universo, mas começará a entendê-los participando destes fenômenos.

Seria como deixar de observar o movimento dinâmico das águas do rio externamente, e entrar no rio para sentir e entender mais profundamente esta dinâmica.

Compreendem agora um pouco da importância deste avanço no sentido da intuição e síntese? Quanto avanço este desenvolvimento pessoal pode trazer de progresso para o planeta.

Este assunto foi trazido a este capítulo por um motivo simples:

- O quanto este tipo de assunto poderia resultar de progresso se fosse disseminado desde a infância.

- Criaria desta forma uma cultura estratégica para o país.

- Quanto avanço para a nação que atentar a este fato.

- Quanta tecnologia seria gerada sobre bases sustentáveis.

- Quantos recursos naturais seriam poupados, e quanto equilíbrio para o meio ambiente.

Este não é apenas um livro para desenvolver profissionais mais experientes, mas uma estratégia para o desenvolvimento sábio do planeta.

Resumindo: O Meio Acadêmico pode colaborar ainda mais no bem-estar da sua civilização.

Artes

De todas as manifestações abstratas, a arte é a mais profunda, é a captura da matéria-prima universal que ninguém vê, porém, que a maioria sente.

Segundo a obra A Grande Síntese, a manifestação artística pura, é a que mais aproxima a criatura do seu Criador (sem comentar a comunhão pura da oração, que é uma comunicação direta).

É a percepção que nasce dentro da alma e se materializa nas mais variadas formas. Da música a poesia, da pintura a escultura, da escrita a encenação etc. É a expressão do belo que se revela a cada dia de forma diferente.

Sem que os próprios artistas tenham consciência de tal fato, é a intuição trabalhando, mostrando a intimidade do ser, mostrando os reais tesouros guardados em cada indivíduo.

Descendo até o materialismo, quanto dinheiro geram as manifestações artísticas.

Excluindo a pseudo arte, que são manifestações imperfeitas, e de acordo com o público, aceitas como arte.

A arte real permanece no tempo. Este é o melhor termômetro do que é verdadeiro e do que é efêmero.

A verdadeira arte eleva, toca os sentimentos, encoraja, anima, ilumina, transporta o ser humano para sentimentos e sensações de êxtase.

Observem o comparativo na seguinte condição:

- Se o ser humano utilizar esta mesma ferramenta do artista, nos vários campos da ciência e da vida, no ambiente profissional ou na pesquisa, quantos resultados positivos seriam alcançados.

Essas informações confirmam a própria existência das Dimensões Conceituais. Aqui a ciência não consegue utilizar a Matemática para poder calcular esta fase do universo.

Este é um dos motivos porque a ciência oficial fica sem respostas para muitas questões sobre a mecânica do universo. Existe uma linha tênue, porém, rígida, que dá continuidade ao universo físico no universo conceitual.

Outra observação importante que pode demonstrar a formação do universo físico, é que o mesmo partiu de algo conceitual também. Aqui reforça a presença de algo muito maior; a existência de um Ser Criador (Deus).

A arte é o exemplo maior da manifestação da intuição ou a potência da genialidade.

A arte pura é simples e transmite o máximo de informações e sensações, a arte rebuscada e excessiva sobrecarrega os sentidos e transmite pouca informação.

Entendem agora o significado da Síntese?

A síntese é a prática do futuro, ou seja, a sábia economia nas palavras, nos processos, métodos, artes, expressão etc.

Um exemplo de uma frase sintética que expressa muito, e praticamente o bem viver se resume nisso:

"Amai a Deus acima de todas as coisas e o próximo como a ti mesmo"

Tirando o sentido religioso desta frase, vamos observá-la na praticidade do dia a dia:

- No ambiente profissional os maiores consultores, palestrantes ou estudiosos, ensinam a tratar bem seus subordinados, clientes e colegas de trabalho.

- Nas relações internacionais não se prega o mesmo?

- Na política, a ética e justiça não estão fincadas nesta máxima?

- Finalmente nas relações do ser humano, esta não é a prática que gera os melhores resultados?

Vejam quanta lógica sobre a importância desta nova conquista da humanidade e quantos benefícios. A conquista da Intuição e da Síntese.

"As grandes obras da humanidade não são os monumentos que podem ruir, mas as ideias que se eternizam".

Forças Armadas

Talvez poucos saibam, mas muitos dos avanços da ciência e das pesquisas nasceram nas guerras, ou mais especificamente nas Forças Armadas dos países mais desenvolvidos.

Enquanto a sociedade civil transcorre seus dias alheia a muitas informações, outras instituições estão atentas a tudo que é novo e pode gerar conhecimentos estratégicos.

Você sabia que o Exército e a Marinha dos Estados Unidos gastam milhões na pesquisa e estudos sobre a utilização da Intuição para fins bélicos?

Que espiões são preparados para intuir situações para tirar o maior proveito destas?

No caso do Exército e Marinha, o que li sobre o assunto, seria sobre a prevenção em avanços nos campos de batalha, em outras palavras, a intuição seria utilizada em forma de pressentimentos de perigo em tais locais.

Enquanto a grande massa da população acha que intuição é coisa de mulher, ou que é coisa de religião ou filosofias exotéricas, as instituições cientificas vão fundo no assunto.

Quero deixar aqui uma observação importante para quem queira se utilizar destas conquistas "Intuição e Síntese" para fins menos nobres:

- A Intuição e a Síntese são conquistas aliadas a evolução do ser humano, e o fator primordial é a evolução moral, e não apenas a evolução científica ou geral.

- Como a intuição é o contato com o plano invisível e com a essência dos fenômenos, se esta for utilizada com a intenção do prejuízo do próximo ou com a finalidade de poder, naturalmente a fonte se fechará, e provavelmente quem utilizar para estas finalidades será enganado por forças menos evoluídas caindo em prejuízo próprio. É o preço a ser pago para quem quer se valer de algo sublime para fins deploráveis.

- Se for para salvar vidas, esta se manifestará positivamente.

- Se for para destruir vidas, esta não se manifestará.

Personalidades

Se forem relacionadas neste livro as personalidades que utilizaram a intuição (mesmo sem saberem), para trazer avanço ao planeta, encheria páginas.

Citados anteriormente, Einstein, Newton, e assim, muitos poderiam ser citados como gênios de todos os tempos. Na música, pintura, ciência, literatura, poesia, escultura, canto, e por aí afora.

Neste capítulo fica o registro do quanto este assunto é importante na vida das pessoas, e o quanto esta conquista trouxe de progresso e avanço para o planeta Terra.

Graças à genialidade de contemporâneos, vocês estão tendo acesso a este material e se inteirando rapidamente de muitas informações, de todos os cantos do mundo.

Vale salientar que tudo isto é possível por um fator aparentemente ruim, "a necessidade". Sem esta, pouco se faria para o progresso puro.

As maiores obras geralmente nasceram sobre as dores dos seus criadores. É o preço do progresso. Mas vale a pena.

Ninguém está isento de ser uma destas personalidades do progresso, assim, você ou outro ser que aparentemente não tem notoriedade ou títulos, pode sim realizar grandes e revolucionários trabalhos.

Acredite em você, você é quem mais sabe da sua intimidade e potencial. Não é fácil, mas pode-se chegar lá.

Será uma honra, eu ver um leitor ou leitor, realizar um trabalho que ajude na melhora desta civilização.

"A genialidade caminha no anonimato"

- Qual é o seu talento?

Cotidiano

Será que um castelo só se constrói com grandes pedras?

Naturalmente que não. Assim são a intuição e a síntese, elas se manifestam em todos os âmbitos da vida e do universo.

Toda construção é composta de partes ínfimas, e estas se manifestam em menor ou maior grau, mas todas têm a sua importância no contexto geral.

Fica o recado de que a genialidade pode estar nas coisas simples de cada dia, numa pequena ideia que faz com que a dona de casa se canse menos, ou na ferramenta que facilita a gigantesca construção, na forma do melhor fazer uma atividade, num pensamento que previna algo desagradável, e assim por diante. Não existe fórmula para esta finalidade.

Em todos os tempos da existência neste planeta, a ação do psiquismo foi à base de todas as construções. Do protoplasma ao engenho mais sofisticado, do caminhar do inseto à conquista do espaço, tudo foi gerado na mente.

A mente é seu maior tesouro, em outras palavras, você é seu maior tesouro, pois você é a "mente", o corpo é apenas uma roupa por onde você se manifesta neste universo físico.

A mente trabalha no universo físico, criando no universo conceitual.

No seu cotidiano a grande obra é construída a cada instante, a cada ação realizada.

Você é muito importante para o mundo.

"No cotidiano se realiza a maior obra de todos os tempos; A Vida".

5

Como

Intuição

Comparativo

Moral

Alimentação

Ambiente

"A facilidade do caminho é semelhante ao frágil graveto que sustenta a arapuca".

Intuição

Para falar da Intuição como ferramenta da genialidade, primeiramente é importante ter uma ideia da importância dela, ou uma visão dos benefícios que ela tem em relação a Razão e a Análise.

Visão da Intuição:

Enquanto o homem debruça sobre pedras mortas, tentando desvendar nos velhos escritos os mistérios da vida, pela razão; a ciência nova traz mensagens cristalinas de forma clara e rápida, através da Intuição.

A primeira é analítica e requer muito conhecimento, esforço econômico, pessoal, tecnológico e tempo.

A segunda é sintética e requer a lapidação moral do ser humano, conhecimento e esforço pessoal.

A primeira requer análises, interpretações e teorias.

A segunda requer percepção, interpretações e aprendizado.

A primeira estuda o passado.

A segunda lança o homem no futuro.

A primeira está restrita no espaço e tempo.

A segunda está aberta ao absoluto.

A primeira se limita à razão.

A segunda é ilimitada.

A primeira é o bagaço de todos os valores milenares.

A segunda é o suco essencial para dar vida aos milênios que virão.

A primeira é um degrau que se vai.

A segunda é a plataforma que se ascende.

A primeira vos fez homem.

A segunda vos fará anjo.

A primeira vos tirou da ignorância do barro em que foste gerado.

A segunda vos mostrará os mistérios dos céus de onde fôreis emanados.

A primeira vos acorrentou nos princípios.

A segunda vos libertará pela excelsa finalidade.

A ciência, produto do labor humano, escada que leva ao conhecimento da intimidade da matéria, é esta lente que permite vasculhar o universo micro e macro, mostrando-nos todo um mecanismo perfeito e complexo.

E quando essa ciência não puder dar mais respostas, a ciência proveniente da evolução do ser dará respostas por processos internos onde não será necessário reunir dados para explicar os fenômenos, mas esse processo será entendido como um todo numa rápida visão através da percepção intuitiva.

"A Intuição é a ciência endereçada à ciência, porque nela há ciência".

Este novo patamar no qual o ser humano começa a pôr seu pé na estrada evolutiva, trará vida nova sobre novas bases.

Uma das primeiras observações para que a intuição possa se manifestar, é deixar de lado a razão e a análise. Estas ocupam o cérebro raciocinando e analisando os fatos e fenômenos, impedindo desta forma a penetração do conhecimento ou percepção do mesmo.

Pense no assunto em interesse e deixe a mente livre, ela percorrerá por caminhos inabituais e encontrará as respostas.

Nem sempre vale a vontade, pois, não existem regras fixas para a abertura deste canal, assim, em momentos inesperados o fenômeno intuitivo pode acontecer sem a vontade do ser humano.

Observe na própria história dos grandes gênios que a ideia vem como por acaso.

A razão e a análise são bloqueadoras da intuição.

Este é um dos motivos porque a ciência trava em certos conceitos. Geralmente os cientistas por estudarem muito, e por terem esta bagagem de informações, ficam tentando arquitetar ou deduzir fenômenos baseados no puro raciocínio, mas, geralmente o novo está fora destes parâmetros do conhecimento (por isso que é o novo).

Comparativo

Para um melhor entendimento (e é assim que a humanidade aprende) será feito um comparativo da mente humana com um equipamento eletrônico.

O cérebro é uma espécie de rádio comunicador, ou seja, recebe informações e também emite informações.

Como a evolução é lei no campo relativo, pois, tudo evolui sofrendo transformações progressivas, o rádio em questão também nasceu no rústico e ruidoso, para chegar ou se transformar em outro tipo evolutivo de emissor e receptor. Com este delta rápido da ciência nestes últimos tempos, pode-se verificar a verdadeira revolução nestes instrumentos eletrônicos.

Ontem era uma caixa de madeira com peças grandes e alto consumo de energia. Tanto a emissão quanto a recepção eram imperfeitas. Hoje os equipamentos são minúsculos e de um refinamento sonoro perfeito.

Para que isso ocorresse, foram necessários o empenho humano, novas peças, elementos mais condutores e de alta pureza, e assim possibilitando a diminuição do tamanho do equipamento.

Estas foram algumas das mudanças, mas, tiveram outras mais importantes e devem ser observadas, ou seja, o conceito dos novos equipamentos. Houve o desenvolvimento do equipamento até um ponto de saturação daquele modelo tecnológico, e somente uma revolução naquele tipo de tecnologia pode dar vida nova e longevidade neste tipo de transmissor e receptor, gerando assim uma função mais aperfeiçoada.

A variação na evolução da vida tem um ciclo mais demorado, mas acontece intensamente.

Comparar um primata, com um corpo dos dias atuais, nos permite ter uma ideia da mudança ou sutilização da máquina orgânica humana.

Como não é possível avaliar um cérebro com datas remotas pelo próprio ciclo vital (nascimento, crescimento e morte) porque a matéria tende a se desagregar, assim fica apenas na dedução lógica, que naqueles tempos remotos o cérebro naturalmente não possuía as mesmas características de um cérebro atual. Com certeza a evolução biológica também passou por aí.

O refinamento orgânico teve seu progresso, e a construção psíquica não ficou para trás. À medida que a organização orgânica evolui, o comandante deste conjunto celular, o psiquismo, caminha junto.

Comparando a tecnologia com a vida orgânica, o princípio é o mesmo. A cada refinamento, o processo de emissão e recepção da vida também segue a mesma lei.

Resumindo: para ter uma melhora no sistema mental ou psíquico, se faz necessário o cuidado com a máquina humana. Isso é possível através dos cuidados diretamente na manutenção da matéria, como na manutenção saudável do espírito.

Moral

Segue um trecho extraído da obra "Grandes Mensagens" de Pietro Ubaldi com o título "Mensagem do Perdão" onde o Mestre diz o seguinte:

"Tudo é conexo no universo; causas físicas e efeitos morais, causas morais e efeitos físicos. Um organismo compressor vos envolve e nele estais presos em cada ato vosso".

Utilizando este conceito ou lei universal, pode-se deduzir que uma conquista importante estará amarrada a um mérito na mesma proporção, desta forma, seria ilógico atingir este estado de evolução psíquica sem trabalhar a moral interna.

Um chefe sábio, só daria uma responsabilidade para um subordinado, se ele possuísse condições para aquela missão.

Seria desperdício de energia colocar algo importante sobre ombros despreparados.

Pela lógica, somente o atleta mais preparado pode chegar ao podium. E para se avançar no caminho da superconsciência, a moral é um dos atributos necessários.

Moral é sinônimo de sabedoria, equilíbrio e amor.

Acredito que a ciência já tenha pesquisado e mensurado, o quanto a energia vibra e se expande quando uma pessoa se encontra feliz. A real felicidade é o reflexo de um estado moral bom.

Alimentação

No momento estou escrevendo este capítulo após o almoço, assim como o anterior. Sinto uma dificuldade de expor as ideias e montar o conjunto das palavras, e isto devido a uma sonolência provocada pela ação do sistema digestivo. Posso falar que só me alimentei de arroz, legumes e um pouco de frango. Bem diferente da alimentação matinal, que foi bem leve, pão com margarina e leite com café.

Durante a manhã, a mente estava mais descansada e favorecia as ideias.

Estou relatando minhas particularidades por um motivo: A importância da alimentação em relação à mente e ao corpo físico.

É sabido que, de acordo com as necessidades do objetivo quanto ao corpo, a alimentação deve estar compatível com estas necessidades. Neste meu caso em particular, a máquina deve estar leve, onde o sangue possa oxigenar mais o cérebro do que ficar trabalhando demoradamente no sistema digestivo.

As pessoas que se dedicam a um corpo mais saudável, e principalmente quando a finalidade é a utilização da mente, geralmente fazem uma alimentação leve e ingerem mais vegetal do que o alimento de origem animal.

No caso específico da intuição ou elevação mental, o ideal é uma alimentação leve.

A própria ciência já orienta uma alimentação mais leve, variada e balanceada para manter o corpo saudável.

Alimentação com carnes vermelhas exige maior trabalho do sistema digestivo, e também, seus resíduos demoram mais tempo no organismo.

Para um atleta, este tipo de alimentação pode ser ideal, pois o foco é o seu físico e não somente a mente. A necessidade varia de acordo com o objetivo.

Este livro não se destina a ditar regras quanto ao faça isso ou faça aquilo, coma isso ou coma aquilo, a única intenção é orientar.

Ambiente

Será fácil distinguir um ambiente de festa com música, muita alegria, dança e outros atrativos, de um ambiente de mosteiro, ou igreja, ou um retiro espiritual.

Qual destes ambientes é o correto?

Ambos são corretos, pois, ambos servem às necessidades para que foram determinados.

No caso da intuição ou um ambiente para reflexão, naturalmente a segunda opção seria melhor.

Numa empresa não existem mosteiros, ou igrejas ou retiro espiritual, como fazer então?

Geralmente, existem pontos mais tranquilos ou calmos na empresa ou instituição. Escolha este ponto, e quando houver necessidade, se recolha por alguns minutos. Esqueça um pouco do que está ao seu redor, eleve a sua mente e coração do seu jeito (não há regras). Pense no seu problema a resolver no trabalho, ou se for um novo desenvolvimento, ou atender um cliente, enfim, veja qual a necessidade. Peça a Deus que lhe ajude ou inspire neste momento para ter as melhores ideias.

Solte a sua mente, deixe-a percorrer seu próprio caminho. Em breve a resposta pode vir como pensamento seu. Observe seu coração, se este está tranquilo quanto à ideia, siga em frente, mas se o coração estiver apertado, provavelmente não será a melhor opção.

Só para exemplo, no meu ambiente de trabalho, eu sempre reservava um ponto onde não havia muita movimentação. Eu sempre fazia minhas preces ali, mesmo sendo na frente de algum equipamento. O resultado é que aquele ponto se tornava cada vez mais positivado e tranquilo.

Como podem observar, podemos criar um ambiente adequado para cada finalidade, sem necessariamente recorrer a práticas ou objetos que caracterizem tal ambiente.

Lembre-se, o segredo está na sua mente e coração e não em artefatos característicos.

Numa rápida análise, quanto mais pontos de tranquilidade e positividade houver numa empresa, maior será a produtividade e respostas nesta.

Somente para lembrar: o ser humano é um transformador de energias, ele capta as energias telúricas e as torna positivas ou negativas. Isto não se trata de religiosidade ou crenças, mas ciência.

Ainda falando em ambiente.

Vou registrar aqui mais um fato interessante e decisivo, onde a intuição foi chave para o negócio.

No final de 2005, a empresa em que eu trabalhava estava se mudando para Pindamonhangaba, e naturalmente seria meu novo endereço empregatício.

Deixar a família em Santo André e trabalhar neste belo lugar não seria uma coisa interessante.

A família topou vir para esta cidade, mas a minha esposa falou o seguinte:

- Nós vamos, mas eu gostaria de morar dentro de um condomínio fechado, pois nesta cidade é mais barato e proporciona qualidade de vida para nós e principalmente para as crianças.

Negócio fechado, a partir daí começamos a procurar algo que coubesse nas nossas condições financeiras.

Encontramos um lote de esquina de bom tamanho, estava praticamente resolvido, era só fechar o negócio. Como o corretor havia deixado comigo um pequeno mapa do condomínio, fiquei observando outros lotes. Um deles me chamou a atenção e ficava na mesma rua. A diferença era que este lote tinha quase o dobro do tamanho e mais caro naturalmente.

Aquilo ficou na minha mente como um pensamento mais forte que o normal.

Conversei com a minha esposa e falei que gostaria de comprar aquele terreno.

Ela concordou, mas com um ar de "acho difícil" porque o lote escolhido custava R$ 45.000,00 e o outro lote custava R$ 62.000,00, e nem tínhamos o dinheiro para o primeiro.

Liguei para o corretor e perguntei sobre este terreno maior. O corretor me falou:

- Olha Sergio! Se você mandar uns R$47.000,00 de contraproposta o proprietário pode aceitar, pois eles estão construindo em outra cidade e precisando do dinheiro.

Fiz a proposta e aceitaram com a condição de eu pagar mais R$ 2.000,00 em condomínio e impostos atrasados. Ainda consegui dar um sinal e pagar em três parcelas.

Esta foi mais uma conquista graças a dar atenção à intuição, pois quando um pensamento forte vem à mente, é muito importante dar atenção.

Apesar de o terreno ser grande, eu resolvi construir um mezanino para que eu futuramente viesse a utilizar como um local de trabalho (trabalhei 35 em empresas). A esposa reclamou e falou que a casa poderia ser toda no mesmo nível, mas eu insisti e construí da minha vontade. Passaram-se 8 anos, e agora estou escrevendo esta obra no local que um dia sonhei. E olhando a minha direita nesta tarde agradável, vejo a majestosa Serra da Mantiqueira. Daqui sempre contemplo o cair do sol, uma nova tela a cada dia.

Nada foi fácil até chegar aqui, mas foi muito importante dar atenção à intuição e lutar por algo que parecia impossível naquele momento. Hoje estou no meu Ambiente.

Fica mais um relato para mostrar que tudo nasce na mente, mas sem a fé e muito trabalho, nada seria possível.

Uma pausa para o seu Amigo:

O Amigo Silencioso

Ele está do nosso lado, ele encanta.

Nosso amigo silencioso, nosso canto.

Acompanha a criatura, sem ser percebido.

Mostra as verdades, mentiras, e o acontecido.

Ele alegra, anima.

Ele transporta o coração, fascina.

Cria na mente lugares, umedece olhares.

Mostra as águas, e crateras lunares.

Mostra-nos um caminho

Claro como a água, ou escuro como o vinho.

Abre-nos os sentimentos

Ou nos mostra os tormentos

Ele tudo contém, da velhice a infância.

Ensina-nos a crítica, e também a tolerância.

Faz-nos ver com transparência

Nele, aprendemos a paciência.

Todos devem muito a sua humildade

Este contém o ódio, e também a caridade.

Seus campos são mais belos

E suas palavras formam elos

Quieto, durante o sono nos acompanha.

Pode estar sempre fechado, ou aberto em campanha.

Seguimos suas informações com fervor

Às vezes nos perdemos, inclusive o pudor.

Nele materializamos nossos sonhos, incontáveis.

Estes que falam de asperezas, ou coisas amáveis.

Abre-nos os olhos para a ciência

Ou entorpece a consciência

Pode causar uma revolução

Ser calmo como a brisa, ou força de furacão.

Não se importa com o que recebe

Pode ser gelo, ou pode ser febre.

Os grandes, dele fazem uso.

Os hipócritas fazem dele, abuso.

Traz a revelação para humanidade

Ele gera emoção, e a eterna claridade.

Ele está sempre ali, a nossa vontade.

Mostra-nos o complexo, e a mais pura simplicidade.

É a chave, que na mente abre a porteira.

*Estou falando do **Livro**; que nos acompanha a vida inteira.*

(Texto do livro: Paz no Mundo – Volume II)

"Com a eternidade pela frente, tenho que repensar no meu hoje".

Sergio Antonio Meneghetti

6

Porque

Velocidade de transformação

Ferramenta inevitável para o futuro

Simplifica processos

Economia de recursos, tempo e dinheiro.

Ecologicamente correto

Desenvolve o ser humano

A ignorância prende

A inteligência avança

A sabedoria liberta.

Velocidade de Transformação

Indiscutivelmente o mundo sofre um movimento frenético em todas as áreas, e cada vez mais o ser humano tem que correr atrás de respostas, ou tentar acompanhar as mudanças geradas a cada momento.

É humanamente impossível assimilar toda esta mudança.

No caso das empresas e negócios, as responsabilidades sugam o ser humano de tal forma que alguns profissionais vivem em extremo estresse. Depende do trabalho, e ao mesmo tempo é sufocado pelas mudanças.

Se o ser humano somente trabalha, pode ficar desatualizado, se trabalha e estuda, fica sem tempo para a família ou lazer, assim, a essência principal da vida que é viver e evoluir com equilíbrio, perde a sua função. Cria-se assim uma civilização fora dos parâmetros normais de equilíbrio.

Apesar de os recursos de TI serem rápidos, para muitas situações, não há tempo para decisões na mesma velocidade da sua necessidade, neste ponto, a resposta instantânea da intuição pode auxiliar para estas decisões ou ideias.

Novamente chamo a atenção para este mecanismo, no qual o universo se movimenta com sabedoria. De acordo com as necessidades, irão aparecendo os meios para acompanhar o progresso.

Paralelo ao desenvolvimento da tecnologia, o desenvolvimento do psiquismo é muito importante. Este é o caminho do equilíbrio e promotor do futuro.

Ferramenta Inevitável para o Futuro

Como relatado no capítulo anterior, a velocidade dos acontecimentos é realidade, e não tem como fugir disto.

O desenvolvimento da consciência não pode deixar de acompanhar o mesmo ritmo.

O caminho deste desenvolvimento procede de outra forma. Enquanto as tecnologias e métodos são dinâmicos e absorventes, no caso da mente, a tranquilidade e introspecção são fatores que modelam a consciência. É a penetração no próprio íntimo, escutando uma voz que fala como coisa tua, como seus pensamentos. É neste recolhimento que a mente se dilata.

O conhecimento sem preconceitos, sem dogmas ou regras, é extremamente importante como alimento para que a mente cresça.

Estas informações levam o profissional a meditar o seguinte; não adianta somente se enriquecer acadêmica e tecnicamente, mas também se desenvolver interiormente para estar apto às mudanças.

Como o futuro é inevitável, assim como o progresso, esta ferramenta psíquica chamada intuição, é estação obrigatória nos trilhos da vida.

Não será como muitos métodos que "vem e vão" na linha dos acontecimentos, mas será condição indispensável para todos.

Da mesma forma que a vida saiu da inconsciência e atingiu a consciência, a superconsciência é objetivo obrigatório.

Simplifica Processos

A intuição pelo seu poder de visualizar os fenômenos de uma forma mais completa, pode sim atuar como fonte de novas ideias ou visão de processos mais enxutos e produtivos.

Para citar um exemplo, vamos recorrer a um paralelo ao rádio.

A grande maioria conhece a gravação no famoso Vinil. Para colocar informações neste disco havia necessidade de comprimir ao máximo os espaços.

Eram desenvolvidas as melhores agulhas para reproduzir as músicas, e também equipamentos para trabalhar os sons dando-lhes maior pureza. O trabalho era grande e exigia várias ações para simplesmente ouvir um som mais puro.

Neste momento a tecnologia chegou praticamente ao seu limite ou ponto de saturação. Sempre que algo chega a um ponto de saturação, um novo ciclo se abre, assim é na vida, como nas coisas e no universo.No caso do registro de informações sonoras do saudoso Vinil, alguém teve a grande ideia de gerar o CD.

Esta nova forma de tecnologia revolucionou toda a indústria nesta área, e abriu espaços para outras áreas também, como a informática, por exemplo.

Este é um exemplo do salto da ideia, se a pesquisa continuasse apenas num sentido, chegaria a um ponto sem saída. Mas o novo sempre chega para atender as necessidades.

Resumindo: vários equipamentos e periféricos para produzir um som de boa qualidade, foram sintetizados e com resultados melhores.

Curiosidade: este também será o futuro da escrita, e já está em curso. Escrever menos transmitindo mais.

Muitos utilizam a linguagem complexa para explicar o simples.

Eu prefiro utilizar a linguagem simples para explicar o complexo

(Para que a palavra seja universal, e não somente intelectual).

(Texto da obra: Liberdade da Consciência – do autor)

Economia de Recursos, Tempo e Dinheiro.

Vamos colocar a seguinte situação:

Uma empresa importa um produto "X" de outra unidade do grupo na Europa para atender a uma demanda da indústria automotiva.

Surgiu um questionamento técnico:

A possibilidade de produzir este mesmo material no país.

A empresa recebe a seguinte resposta por parte do corpo técnico europeu:

- Para se produzir este produto no Brasil, vocês terão que importar resina de uma planta específica da Inglaterra, e montar um sistema de seis milhões de Dólares para trabalhar o produto.

Segundo o cálculo para montar esta estrutura como um todo, tornou o projeto inviável.

Resumindo: Através da Intuição este produto é produzido no Brasil, sem importar a resina específica, e sem construir uma estrutura de seis milhões de Dólares.

O fato já responde o quanto à intuição associada ao conhecimento, pode gerar de lucro e economia de tempo, recursos e dinheiro.

(Vide caso: Baixo Odor mais a frente)

Ecologicamente Correto

Por ter atuado por um bom período na área de desenvolvimento de produtos, utilizarei exemplos correlacionados.

É normal as pessoas notarem o aumento de componentes plásticos nos carros.

Muitas pessoas, por ignorar o assunto, podem achar que isto é apenas para baratear o veículo ou dar um toque estético ao mesmo. Estão com razão quanto a estes dois itens, porém, algo mais profundo neste caso impacta diretamente na vida das pessoas.

As peças plásticas como itens no veículo, geram uma estética mais bela e aerodinâmica. Também diminuem o peso do veículo, evitam o consumo de recursos minerais e podem ser recicladas.

Não entrando na complexidade da produção, mas uma peça plástica pode ser produzida em segundos, enquanto uma metálica leva mais tempo, necessita de pintura e outros tratamentos químicos, gerando assim resíduos indesejáveis e consumo de recursos, como água.

Um automóvel mais leve e com uma aerodinâmica melhor, consome menos combustível e gera menos resíduos poluentes. Como a produção automotiva é muito grande, milhares de toneladas de poluentes deixam de ser lançadas ao meio ambiente.

Quando alguém desenvolve uma resina plástica com maior rigidez, menor densidade, maior impacto e menor viscosidade, esta pessoa está colaborando positivamente com o meio ambiente.

Este é mais um exemplo onde à intuição ajudou, e consta como um caso intuitivo mais à frente.

Falando em ecologia, logo nos lembramos da natureza.

Aqui vai mais um exemplo do quanto é importante dar atenção ao pensamento diferenciado, ou mais forte.

Procure estar atento a este tipo de reação mental, porque é nestas mensagens sutis que chegam as grandes ideias. Procure se observar a partir deste estudo, a fonte começará a fluir do seu interior.

- Vamos lá!

No dia 15 de Março de 2016, no começo da noite, eu estava sozinho em casa quando veio uma forte vontade de dar andamento a outro livro que eu havia iniciado anos atrás (aqueles trabalhos que a gente começa, faz um pouquinho e para).

Era uma estória sobre uma molécula de água relatando a sua passagem no orbe terrestre. Imagine a água contando a sua própria história.

A inspiração foi tão forte e contínua, e também tão surpreendente, que em 6 dias o pequeno livro estava pronto.

Quando terminei o livro, senti aquela certeza, mais uma vez, de acreditar na ponta das ideias e dar vazão as mesmas. É como ver a ponta de um iceberg e depois mergulhar e perceber a sua dimensão.

Só que veio algo mais interessante ainda. Naquele dia 21 de Março quando terminei a escrita, vinha na minha mente o seguinte pensamento:

"- Olha quando é o "Dia da Água"! Assim, este pensamento aconteceu várias vezes durante o dia, até que resolvi olhar na internet quando seria esta data. Para meu espanto, o Dia da Água era no dia seguinte, 22 de Março.

Era começo da noite novamente, e num grande esforço, fiz a capa e o processo para publicação em ebook, e no dia 22 de Março nascia a publicação do livro: "Vida de Água"

Confesso que em certa parte da estória até eu me emocionei com ela, deixando assim, sair gotas de água dos meus olhos.

Observem que nos casos citados, eu não estava me preparando para escrever os livros, mas simplesmente dei vazão a estas percepções que chegam como verdadeiros raios na minha mente. Aí eu repito mais uma vez: **Dê atenção aos seus pensamentos.**

Uma observação: Devido a necessidade e ao custo de fazer uma edição e publicação literária, eu comecei a trilhar os caminhos das pedras até aprender a fazer este processo.

Das minhas 22 obras publicadas, as três primeiras eu paguei, as outras, eu fiz do início ao fim. Inclusive já fiz este trabalho para quase 30 escritores. Hoje os sonhos destes talentos foram realizados por um baixo custo.

Este livro que você está usufruindo agora, também foi fruto de uma grande ideia, ou seja, ganhar o pão ensinando aquilo que é muito importante para mim. E sei da importância deste assunto "a percepção e desenvolvimento da intuição" como ferramenta para o progresso da humanidade".

Desenvolve o Ser Humano

Por tudo que já foi escrito anteriormente, pode-se deduzir tranquilamente que a expansão da consciência caminhando para a superconsciência, desenvolve o ser humano como um todo, tanto na área material, como espiritualmente.

O crescimento é fator primário quando alguém se lança neste caminho.

A intuição abre um leque vasto na vida das pessoas e do progresso.

O desenvolvimento acadêmico é muito importante, mas, é insuficiente para moldar esta peça em transformação, que é o ser humano.

O ser vivo tem seus contatos com o ambiente externo, registra, absorve, trabalha a informação, e após contribui com a sua cota no progresso do todo, assim, o ciclo segue em ascensão.

Como a tendência do progresso é o refinamento de tudo que evolui, o ser humano também sofre este fenômeno caminhando para a sutilização. Enquanto houver necessidade da utilização da matéria para sua manifestação, o universo estará lhe fornecendo esta roupagem.

A intuição desenvolve o ser humano, dando-lhe condições de perceber fenômenos ou informações que fogem do tempo e do espaço.

Este caminho intuitivo conduz o indivíduo e o profissional, para a forma mais avançada de pesquisa que existe; a percepção completa do fenômeno.

Seria vital para os cientistas e pesquisadores terem consciência deste fato, e o utilizarem para o progresso da ciência

Uma observação:

Acredito que durante a leitura a sua mente começou a buscar situações.

E estas situações você começou a ligar com o assunto intuição.

A sua mente já está trabalhando e progredindo.

Pensamento bom = Construção.

7

Empresas

Definição

Trabalho

Características profissionais

Ambiente profissional

Espiritualidade

Gestão humana

Resultados

"Se você chegou ao fundo do poço, agora é hora de subir".

Definição

É normal olhar para uma empresa e enxergá-la como um local onde se produz ou presta serviços.

Um local onde o dono necessita de outras pessoas para realizar um trabalho, e lhes paga um valor pela realização deste trabalho.

Na realidade, uma empresa é muito mais do que isto.

Na empresa, além de gerar coisas e ganhar seu sustento, colaboram com seu grão de labor na grande construção do progresso.

A empresa é um ambiente onde as diferenças se afinam com um único objetivo, e nesta convivência geram-se sentimentos, como tolerância, solidariedade, cumplicidade e caridade, entre outras virtudes.

"A empresa é um ambiente de refinamento humano".

É um local abençoado, pois possibilita o crescimento humano.

Trabalho

O trabalho, diferentemente do que muitos pensam, é a oficina onde a massa humana gasta sua energia gerando o progresso do planeta e o seu progresso individual.

Reproduzirei outro trecho da obra de Pietro Ubaldi – Grandes Mensagens – Mensagem do Perdão:

Ama o trabalho, inclusive o trabalho material.

Coisa elevada e santa, ...

Ama o trabalho, mas com espírito novo; ama-o, não pelo que ele é propriamente, porém, como um ato de adoração a Deus, como manifestação de tua alma, nunca como febre de riqueza ou domínio. Não prendas tua alma aos seus resultados, que pertencem à matéria e, portanto, sujeitos à caducidade; ama, porém, o ato, somente o ato de trabalhar. Não seja a posse, o triunfo, a tua recompensa, mas, sim, a satisfação íntima de haveres cumprido, a cada dia, o teu dever, colaborando assim no funcionamento do grande organismo coletivo.

Pode parecer utópico ou longe da realidade diária, mas, como tudo caminha nesta direção, um dia o profissional terá este objetivo, e o resultado muitos já pregam: "Faça o seu melhor que a recompensa será consequência".

A natureza trabalha em todo o seu conjunto, a dinâmica movimenta tudo no universo.

Ouso afirmar que: a função do trabalho e da empresa sofrerão transformações nas suas bases filosóficas.

Características Profissionais

Como subordinado ou empregado, imagine as características de um chefe ou patrão ideal.

Agora, imagine-se chefe ou patrão, e sob seu comando, o profissional ideal.

Esta é a melhor fórmula para se balizar no campo profissional. Somente se colocando no lugar do outro, você poderá ter uma ideia melhor do cenário.

Vale lembrar que a perfeição é meta e não o momento. Esta é uma eterna construção, assim, nunca espere a perfeição alheia, pois, ainda somos imperfeitos.

Apesar de o profissional achar que quem ganha mais com o seu bom desempenho é a empresa, na realidade, este profissional é o grande vitorioso do contexto. Ninguém perde por fazer e procurar ser o melhor.

(Vide o texto: "O Novo Trabalhador" na obra **Intuição, Ferramenta de Trabalho** - do autor).

O seu papel no mundo pode ser pequeno, mas as mais belas praias são feitas de minúsculos grãos de areia.

Ambiente Profissional

Desnecessário dizer que o sucesso de uma orquestra está aliado ao maestro, a afinação e a ordem dos músicos.

O que é uma orquestra senão uma empresa bem administrada para gerar um ótimo produto?

Saber ordenar o conjunto não é tarefa fácil, mas, sem uma direção e harmonia neste conjunto, uma grande execução seria impraticável.

Por outro lado, se os músicos não observarem e seguirem o maestro, dificilmente o resultado será valioso.

O foco deste capítulo é justamente a "harmonia".

Quem ganha com isso?

A orquestra?

Os músicos?

Todos ganham. A vitória é o resultado do conjunto.

Quando se fala em ciência, a primeira ideia é pesquisa, átomos, estudos, física, química, matemática, etc.

Numa visão mais profunda, os relacionamentos respeitam leis científicas e matemáticas. As somatórias e subtrações nos resultados são fatos, sempre terão comportamentos, que como na química, gerarão produtos bons ou ruins, e subprodutos também. Na física, a lei de "Ação e Reação" é fato incontestável.

Em uma empresa, como numa orquestra, todos estão dentro de um cadinho de purificação. O esforço e sofrimento de cada elemento pelo calor das relações humanas acabarão purificando e gerando o metal precioso.

Como é bom chegar ao lar feliz, após um dia de trabalho, e no dia seguinte, não ficar amargurado em retornar a este trabalho.

Quanto maior a harmonia, maior a possibilidade de a intuição atuar.

Espiritualidade

Tenha sempre em mente: o seu trabalho é o seu trabalho, nunca misture as coisas.

O ser humano vê no trabalho ou em outras áreas, funções distintas e sem qualquer vínculo, por exemplo: Ciência e Religião, para muitos são opostas. Mas será que existe algo sem qualquer ligação neste universo?

Tudo de alguma forma está ligado, pois vivemos num universo mecânico, onde uma coisa complementa a outra, e só assim a engrenagem pode trabalhar como um todo.

O trabalho não está desligado de outras áreas, como a religião ou a filosofia.

Se eu cultivar a prece discreta no ambiente profissional, naturalmente movimentarei energias positivas, que favorecerão a minha pessoa dando equilíbrio, segurança e claridade nas ideias e decisões, e também estará gerando positividade no ambiente.

Quando se fala em energias, são energias detectáveis, e não coisas fantasiosas ou ditas religiosas e mágicas. Ciência pura.

Se eu tiver certeza deste fato, posso tê-lo como uma filosofia de vida no campo profissional.

Voltando a primeira frase, o trabalho é trabalho, assim, ter atitudes de uma prece ou oração (não importa a nomenclatura), esta deve ser discreta e não fazer do ambiente uma igreja.

Gestão Humana

A arte de gerir pessoas. Está aí um grande desafio.

A sábia diferença entre o "mandar" e o "comandar". Um exige a força e a hierarquia, o outro, a moral e hierarquia.

A primeira atitude tolhe a liberdade individual, a segunda liberta através do conhecimento.

Acredito que liderar pessoas é uma das maiores responsabilidades que o ser humano pode ter em mãos.

Dar curso ao destino do próximo é dar curso ao progresso do planeta, ou barrar o mesmo.

Quanto sofrimento gerado pela falta sabedoria na condução humana, ou quanto benefício pode ser gerado quando se distribui o saber.

Segue texto extraído da obra **Gestão é Uma Arte** - do autor:

Equação

O sucesso da empresa está nesta equação

Para todos direito e responsabilidade

São a farinha e o fermento para o pão

Pão para todos; sinônimo de igualdade.

Quando uma empresa chega a este ponto de equilíbrio, a mesma está realizando a sua real função perante o mundo.

Crescimento e justiça para com todo o corpo corporativo é a sabedoria em ação, é o refinamento coletivo caminhando no mesmo sentido, e colhendo os frutos previamente semeados.

Cria-se não somente a vitória material, mas também a paz no conjunto. E esta paz se transformará em porto seguro para novas investidas no futuro.

Resultados

Há unanimidade entre patrões e empregados no seguinte contexto: Ganhar o máximo realizando o mínimo.

Não há erro nisso, pois, se for feita uma análise na natureza, ela já se utiliza desta ciência. Faz uso do necessário para produzir o máximo de resultados, não há desperdícios.

Tanto os insetos como os animais, constroem seus abrigos de acordo com o uso (apenas como exemplo).

O bem coletivo é a maior meta a ser conquistada, pois, um pai sempre procura a distribuição igualitária para sua família.

Observem que para chegar a bons resultados, foi criada uma linha de ascensão nos conceitos e práticas.

Estes mesmos conceitos e práticas são balizadores nas atitudes e ações do corpo de uma empresa, instituição ou até sociedade. E esta construção tem um objetivo, dar condições para que o ser humano possa expandir a sua consciência e com ela construir a superconsciência.

Neste ponto, a civilização ou núcleos, podem estar aptos a dar vazão ao seu potencial interior onde estão abrigados, no silêncio, os maiores tesouros.

Os resultados internos são eternos, enquanto as conquistas externas são efêmeras como o tempo.

Resumindo: A Construção do Pensamento ou a construção do ser humano, é o melhor resultado que se pode obter.

Neste momento.

Pedi a Deus com Amor e União

A você leitor, seja um, mil, ou um milhão.

É o mínimo para quem me ajuda a ganhar o pão.

É o que posso fazer; como desejo de gratidão.

8

Casos Reais Vivenciados

Segurança
Incêndio
Mangote
Assalto
Óculos
Conquistas
Projetos Japão
Volker Trautz
Barack Obama
Baixo Odor
Tomada de Decisão
Venda de Imóvel
Convite para Sociedade
Venda de Plásticos
Ciência
Mar de energias (Campo de Higgs)
Formação da matéria
Centro da galáxia
Curvatura do universo
Nascimento do Hidrogênio
Casos Variados

O Gênio Mora Dentro de Você

Você não encontrará a genialidade nos bancos escolares, mas dentro de você.

Isto só poderá acontecer após a maturação da experiência milenar.

Toda construção é realizada com a somatória de vivências que ficam gravadas no subconsciente humano.

Não existe fórmula mágica ou remédio para gerar inteligência ou genialidade.

O que pode e deve fazer, é olhar para dentro de si e escutar os seus pensamentos.

Não siga pelo caminho da razão, mas deixe a mente livre e preste atenção, a mente encontrará o caminho.

Se você admira os gênios, procure seguir este caminho.

Genialidade = Superconsciência = Intuição e Síntese.

Não menospreze o seu potencial.

Não há necessidade de grandes obras, mas que nas pequenas coisas de cada dia, você possa construir a maior obra de todas; a sua construção pessoal.

Em tempo: Não confunda riqueza de informações com genialidade.

A primeira todos podem conseguir externamente.

Segurança

Caso 01- Eu trabalhei em uma empresa durante seis anos, durante os quais sempre em regime de revezamento, ou seja, trabalhando sete dias em cada horário que compreendia: manhã, tarde e noite.

No dia 24 de julho de 1982, quando iria iniciar o turno das 16 – 24h, por volta das 14h, durante o almoço, me veio um pensamento forte na minha mente, como se alguém falasse ao meu ouvido: - Fogo na fábrica!

Tal pensamento veio acompanhado por uma espécie de clarão, o que me deixou ansioso e preocupado e fui trabalhar naquela tarde com o coração inquieto.

Por volta das 17h ouvi um pequeno estouro, olhei para a parte externa do laboratório em que trabalhava e, na direção da área do processo de produção, constatei um vazamento na lateral de um filtro. Este vazamento lançava um jato contínuo de produto, porém sem perigo maior.

Este "pequeno problema" me trouxe um alívio ao coração pois imaginei que teria sido este o fenômeno resultante do que fui intuído momentos antes. Entretanto, por volta das 18h, ouvi outro estouro, acompanhado de um ruído contínuo, e saí novamente pela lateral do laboratório. Foi quando percebi uma grande chama na forma de um maçarico: era, finalmente, o fogo anunciado pela minha intuição durante o almoço, demonstrando, mais uma vez o poder e o potencial de não somente estar atento a estes fenômenos, mas compreendê-los e saber analisá-los. Neste caso específico, a intuição foi importante porque me alertou para o perigo que viria.

Foram tomadas as ações de combate ao incêndio pelo grupo da empresa, do qual eu também fazia parte. Graças a Deus não houve vítimas, mas o fogo durou das 18 às 20h.

Gosto sempre de contar esse caso real e dizer que para este tipo de evento intuitivo não há controle. E que, apesar de não depende dar nossa vontade ser foco de tais intuições e mensagens, trabalhar de forma a aprimorar e refinar a nossa condição de sermos receptivos, isto está completamente em nossas mãos.

Caso 02 – Durante o ano de 1996 eu participei de um projeto denominado "Multi Skill". O escopo era multiplicar conhecimentos em outras áreas da empresa e, assim, fui transferido temporariamente do laboratório onde trabalhava para treinar no processo petroquímico.

Neste processo, havia uma manobra específica para o carregamento e descarregamento das carretas de gás Propileno (gás base do Polipropileno) para um reservatório (esfera). Esta manobra exigia elevado nível de segurança, havendo duas válvulas de bloqueio, sendo uma válvula manual e outra automática, com uma distância de mais ou menos 40 cm entre as mesmas.

Na extremidade, havia um mangote de aço envolvido com revestimento plástico (tubo flexível), com diâmetro de mais ou menos duas polegadas, o qual deveria ser conectado à carreta.

Como era regra testar tudo para evitar acidentes, fui abrir a válvula automática a fim de verificar se não havia gás entre ambas, uma vez que a pressão do gás era alta, em torno de oito atmosferas. No momento em que eu ia girar o botão da válvula, veio na mente, como se fosse alguém falando:

- Sai de perto!

Senti uma apreensão e um aperto no coração, tendo me afastado ao máximo e antes de girar o botão. O mangote, que se encontrava apoiado em um suporte, fez um movimento semelhante a um chicote, passando na minha frente com força e velocidade, jogando gás na minha cara. O choque da extremidade do mangote com o solo foi tão forte que quebrou um pedaço do concreto.

Em mais esse caso real e acontecido comigo, foi importante estar atento aos sinais e, caso eu não estivesse atento a este aviso intuído, provavelmente eu seria morto, pois estaria exatamente no local onde houve a chicotada.

Caso 03 – Por volta do ano 2000, eu era um dos sócios de uma pequena empresa de injeção plástica.

Certa noite ficou combinada uma reunião com os demais sócios, na qual conversaríamos sobre a possibilidade de iniciar outro negócio na área de reciclagem dos resíduos da moagem das garrafas feitas de PET (as famosas garrafas de refrigerante).

Durante o percurso da minha residência até a empresa, comecei a sentir um aperto no coração, misturado com medo e inquietação. Mudei o caminho por onde habitualmente transitava, mas havia um pequeno trecho que fazia a divisa entre as cidades de Santo André, onde eu residia, e a cidade de Mauá, onde se localizava a pequena empresa.

Neste trecho, por volta das 8 horas da noite, fui ultrapassado por uma perua Kombi em alta velocidade. A mesma me fechou, e um rapaz apontou uma arma na minha direção, ordenando que eu mudasse de assento, entrando no meu carro e pedindo para que eu não olhasse para o rosto deles.

Resultado: levaram meu carro e, num certo ponto ermo da cidade, mais precisamente no Polo Petroquímico, me deixaram descer sem nenhuma agressão física.

Caso 04 – Uma noite, eu e minha esposa fomos fazer uma visita à minha amiga da academia de letras de Pindamonhangaba, Beth Guimarães.

Entramos, conversamos animadamente por algum tempo, mas, mesmo assim, eu estava inquieto com meus óculos. Tirava-o do rosto, colocava no bolso da camisa, voltava para o rosto e isto ficava "me incomodando".

Durante a visita caiu uma chuva forte, mas por pouco tempo. No término da visita ainda caia um pouco de chuva, e daí corri até o carro e entrei rapidamente para não me molhar.

Neste ínterim, minha amiga percebeu um pedaço de galho no para-brisa do carro, tendo saído gentilmente do portão da sua casa e retirado o mesmo que estava atrapalhando.

Num gesto automático, levei a mão ao bolso para pegar meus óculos, tendo percebido que ele não estava mais lá.

Procurei rapidamente dentro do carro e nada. Abri a porta do veículo e o vi no chão da calçada, molhado e quebrado.

Analisando logo depois o que teria acontecido, cheguei à seguinte conclusão: Quando eu corri até o carro o mesmo caiu na calçada e, quando a Beth foi retirar o galho, ela pisou nos óculos.

Observem que, por meio do presente exemplo, é possível entender e verificar que a intuição pode atuar em vários níveis e diferentes casos, sendo importante dar atenção quando algo dentro de nós se manifesta com intensidade diferente do normal.

Conquistas

Caso 01 - A título de informação, eu trabalhei na área de desenvolvimento de produtos no ramo plástico, sendo as montadoras nacionais nossos maiores clientes.

No decorrer do ano 2000, a empresa tinha alguns projetos em andamento no sentido de fornecer três materiais novos, os quais destinavam-se a atender às necessidades de uma montadora japonesa. No intuito de facilitar o andamento do projeto, foi decidido importar tanto a matéria-prima quanto as formulações de uma empresa do grupo sediada no Japão.

Com as formulações e materiais nas mãos, começamos a produção piloto em nosso laboratório. Após finalizar a produção das amostras, houve o início do processo de caracterização das mesmas, o qual se mostra fundamental no sentido de verificar a qualidade dos produtos, revestindo-se de testes necessários para requisitos de especificação do cliente. Vale a observação: tais produtos já haviam sido produzidos com êxito no Japão utilizando as mesmas matérias-primas.

Entretanto, apesar de já o terem sido produzidos antes no Japão, foi observado que os produtos aqui no Brasil não atingiam as mesmas propriedades e, desta forma, seriam reprovados. Estes produtos teriam que ser testados no Japão.

Novas produções foram então realizadas e, novamente, sem êxito. Criou-se então uma questão: Seriam enviados para a verificação no Japão os produtos nestas condições ou não? Mas, devido ao curto tempo para fechar o projeto, foi decidido, à época, enviar assim mesmo.

Como já era sexta-feira, perguntei ao meu chefe imediato se eu poderia fazer alguma tentativa no sábado, tendo ele dado sinal verde, porém, sem acreditar muito no êxito devido às várias tentativas anteriores.

No dia seguinte lá estava eu para aquele desafio. Qual o primeiro passo a ser dado, já que intimamente eu pressentia que poderia conseguir? Mas o "como" eu ainda não sabia.

Na tranquilidade do setor, por ser final de semana, comecei a analisar o que tínhamos feito. Naturalmente não poderia ser o mesmo caminho a trilhar. Teria que ser algo novo.

Então comecei a fazer aquilo que faço quando algo está muito difícil e foge ao meu entendimento. Comecei a rezar, ou orar (como queiram definir este ato), e a pedir ajuda aos céus.

A possível chave do objetivo começou a se desenhar na minha mente, mostrando um "novo caminho". Agora restava fazer uma análise racional da intuição e pôr a coisa pra acontecer.

Após uma análise sobre o assunto, iniciei o processo. Fiz as produções dos compostos e os preparei (injeção de corpos de prova) para testes na segunda-feira.

Finalmente chegou a segunda-feira. Iniciei os testes e, logo na primeira fase, a "23 graus Celsius", já foi possível observar uma grande melhora.

Coloquei o material para ser testado em baixa temperatura. O mesmo seria testado após as 14 horas.

Pouco antes das 14 horas, meu chefe imediato passou pelo laboratório e me questionou se eu havia trabalhado no sábado. Recebendo minha afirmativa, perguntou se já tinha algum teste pronto.

Apesar de ter a primeira fase positiva, esperei para completar todos os testes antes de anunciar qualquer resultado, tendo respondido negativamente a ele.

Novamente ele fez o comentário para mim e meu amigo que estava ao lado: - Sergio! - Eu entendo seu esforço, mas lamento te dizer que não vai dar certo.

Nada comentei, mas eu e meu amigo já sabíamos dos resultados positivos da primeira fase e, por experiência, provavelmente a próxima também seria positiva.

No momento determinado concluímos os testes. Como ansiosamente esperado, os resultados foram ótimos!

No dia seguinte foi só receber os parabéns da chefia. Vale salientar que: Muitas vitórias foram conseguidas graças à autonomia que nossos chefes nos davam, uma vez que, sem esta autonomia e apoio, seriam truncados e proibitivos muitos dos trabalhos vitoriosos que tivemos e alcançamos.

Resultado do trabalho: Foram refeitas as amostras, baseando-se na metodologia por mim utilizada, e enviadas ao Japão. Os resultados encontrados no país amigo foram melhores do que o esperado.

Após esta fase de testes chegou-se a outro dilema comercial: Os custos de produção eram muito próximos do preço dos materiais importados devido aos insumos serem importados. Feita reunião com o cliente, foi sugerida uma versão nacional que atendesse aos requisitos mínimos de especificação, mas com um custo menor e com insumos, na sua maioria, nacionais.

Baseado na nova tecnologia de processo obtida por meio do processo intuitivo, a equipe começou a desenvolver as novas versões e, em pouco tempo, conseguimos produtos com melhores propriedades, tendo atendido a todas as expectativas do cliente.

Resumindo: Concluímos o objetivo e começamos a vender os produtos. Estes novos produtos se destacaram no meio automobilístico, atraindo novos clientes.

Outro passo muito importante: foi realizada a transferência desta nova tecnologia/metodologia para todos os produtos com características similares, tendo obtido, desta forma, redução na utilização de matéria-prima importada, graças à melhoria das propriedades.

O que, à princípio era apenas uma necessidade no atendimento a um projeto, acabou se transformando num princípio de economia, deixando vários produtos da empresa com custos competitivos e gerando milhões em lucro ao longo do tempo.

Com esta nova tecnologia os materiais se tornaram cada vez mais "ecologicamente corretos" pois, melhores propriedades geram menor peso das peças e, como consequência, "menos consumo de combustível, menos desgastes e menos poluição".

Neste caso a intuição foi decisiva, tendo colaborado além do esperado, e encurtado pesquisas e testes; economizou dinheiro, tempo, mão de obra e matéria-prima; evitou formação de resíduos proveniente de testes e mostrou um novo caminho tecnológico.

Esta conquista poderia ter vindo por meio de qualquer pessoa que utilizasse a **intuição como ferramenta de trabalho**, ao meu ver. Por este motivo, o meu mérito na história foi o de "apenas" saber utilizar a ferramenta no momento certo com uma equipe competente.

Observem o potencial que cada profissional pode desenvolver em sua própria área de trabalho, ou também no campo pessoal ou artístico.

O universo nos oferece uma fonte inesgotável de informações preciosas, cabendo a nós saber abrir esta porta divina e canalizar o melhor para a melhoria do todo.

Esta tem se mostrado uma manifestação dirigida, ou seja, temos que saber utilizar a intuição sabiamente para conseguir objetivos nobres, mesmo que sejam considerados objetivos pequenos.

Da mesma forma, é fundamental estar sempre atento aos pensamentos pois a mente pode estar captando informações para uma importante função ou desfecho.

Caso 02 - Tenho um amigo que comandava uma empresa internacional, tendo o mesmo seu posto de trabalho no exterior.

Devido a vários fatores, conversávamos pouco e, às vezes, trocávamos alguns e-mails.

Na época senti uma necessidade enorme de me comunicar com ele. Veio uma intuição e eu deveria avisá-lo, pois se tratava de uma diversificação nos negócios da empresa que ele comandava.

Aquele pensamento já estava me incomodando e, desta forma, deveria tomar alguma ação. Por várias vezes ensaiei enviar-lhe um e-mail, mas ao mesmo tempo achava que poderia ser besteira da minha parte, mesmo porque, naturalmente, ele deveria saber o melhor para o perfil de participações no mercado. Ele era a pessoa mais abalizada para isto.

O pensamento não saía da minha mente, tendo chegado certa hora em que criei coragem para enviar-lhe a opinião intuída.

Para minha surpresa, de imediato respondeu-me o e-mail nestes termos:

Muito obrigado pela informação e indicação. Estamos envolvidos num estudo detalhado deste negócio também no Brasil. Esperamos o resultado no segundo trimestre 2007 e decidiremos depois. De qualquer forma agradeço muito a sua dica. Muito obrigado.

Nunca tive qualquer contato no qual fosse mencionado este tipo de assunto, mesmo porque era algo confidencial, mas ficam as seguintes perguntas:

- Porque houve essa intuição tão forte a ponto de incomodar com este assunto?

- Como viria na mente justamente o assunto que já se encontrava em andamento num outro país?

Na minha humilde concepção, provavelmente se mostra como um aviso, ou reforço positivo, para o assunto em questão, levando a crer que possivelmente daria certo.

Cabe ao tempo amadurecer este assunto e trazer o resultado, o qual desejo que seja o melhor possível.

Por motivos éticos e de resguardo de informações não será possível dar maiores detalhes do negócio.

Caso 03 – Após a tragédia do terremoto no Haiti, escrevi um artigo sobre o assunto, procurando mostrar alguns valores que merecem atenção. O mesmo teve grande repercussão na mídia de Pindamonhangaba, cidade onde resido.

Certa tarde, enquanto realizava alguns testes no trabalho, veio uma necessidade grande de enviar este artigo para fora do Brasil. Como eu estava trabalhando, procurei deixar de lado, mas a sensação se tornava cada vez mais forte e até incomodativa.

Fui até o computador, fiz uma tradução rápida via Google e enviei para o Departamento de Estado Americano. Houve a tradicional resposta automática agradecendo pela mensagem.

Voltei aos testes, o coração continuou com a mesma sensação.

Lembrei-me de ter visto algo sobre o blog do Barack Obama, quando então voltei ao computador e procurei o site da Casa Branca. Naveguei até chegar ao contato do presidente. Preenchi os requisitos, adicionei a tradução via Google e enviei. O site respondeu: "Excesso de caracteres". Diminui a quantidade de caracteres e enviei novamente. Retornou a mesma resposta. Diminui novamente o artigo e reenviei, quando então, neste momento, houve resposta positiva de agradecimento do envio.

Na Semana Santa, no início de Abril (02/04/2010), tive a visita de familiares em minha casa e, durante a manhã, fiz um comentário com minha irmã mais velha:

- Nilza! Enviei uma mensagem para a Casa Branca e a coisa está meio quieta! Acho que eles podem estar dando alguma atenção.

Naquela tarde, verificando meus e-mails, houve uma grande surpresa: Havia um e-mail de agradecimento (Thank you for your message), o qual abri, vendo que se tratava de uma mensagem presidencial do Barack Obama agradecendo pelo artigo.

Segue e-mail:

Thank you for your message

De: **The White House - Presidential Correspondence** (noreply-WHPC@whitehouse.gov)

Você pode não conhecer este remetente.Marcar como confiável|Marcar como lixo

Enviada:sexta-feira, 2 de abril de 2010 18:13:36

Para: sergio.xxxxxxxxx@hotmail.com

```
Dear Friend:

Thank you for writing regarding the situation in
Haiti. The
earthquake that struck Haiti on January 12
shocked the world. The
loss of life is heartbreaking, and the suffering
and destruction are
devastating. The images of this tragedy remind us
```

of our common
humanity and have invoked our Nation's enduring
spirit of generosity
and compassion.

My Administration has responded with a swift,
coordinated,
and aggressive relief effort, among the largest
in our history. I
designated Dr. Rajiv Shah, Administrator of the
United States Agency
for International Development, as our
Government's unified disaster
coordinator. He is leading America's effort
alongside the United
Nations, together with international aid and
nongovernmental
organizations on the ground in Haiti. I have also
enlisted the help of
Presidents Bush and Clinton, who have launched a
major fundraising
effort for Haiti, and those who wish to help
should visit:
ClintonBushHaitiFund.org.

With a pledge of our full support, I assured
Haitian President
René Préval that America stands by the Haitian
people. We must
meet their needs through sustained assistance to
help Haiti recover
and rebuild. Bringing relief to the millions who
are suffering poses
tremendous challenges--navigating crumbled roads
and damaged
ports, and finding shelter for the homeless--but
we must forge ahead

to help restore the Haitian people's energy and
optimism for a more
hopeful future.

We are fortunate that our Nation has a unique
capacity to
reach out swiftly and broadly, and Americans have
always come
together to serve others in times of great need.
The dedication of our
military personnel and rescue teams, and the
goodwill of millions of
Americans lending a helping hand, demonstrate the
courage and
decency of our people.

To learn more about our efforts, visit:
www.WhiteHouse.gov/HaitiEarthquake. We will stand
with the
people of Haiti and keep them in our thoughts and
prayers.

Sincerely,

Barack Obama

To be a part of our agenda for change, join us at
www.WhiteHouse.gov

Segue artigo enviado sobre o Haiti:

==

O Renascimento do Haiti

"São das velhas sementes que se constrói o novo jardim"

Haiti, uma terra marcada pelo início com a escravidão,

Pelo passado pouco distante pela guerra e a violação,

Hoje marcada pela natureza com sua força de destruição.

Amanhã, será renascimento, com amor e construção.

Nos trilhos da vida o homem passa por várias estações, sendo estas necessárias as suas conquistas, liberdade e amadurecimento. É sua eterna caminhada.

O movimento rochoso nos recônditos na Terra, ação prática da natureza, vem nivelar todos os seres de um lugar.

Agora se misturam pobres e ricos, ignorantes e sábios, comandantes e comandados, política da esquerda com a da direita, velhos e moços, religiosos e ateus, homens e mulheres, fortes e fracos, amigos e inimigos, negros e brancos, orgulhosos e humildes, ociosos e trabalhadores, algozes e vítimas, patrões e empregados, doadores e egoístas, enfim, toda dualidade perde o que é efêmero, somente permanece o resultado da obra de cada um.

Enquanto o mundo garimpa as vítimas e a solidariedade, caridade e a compaixão se fazem presentes, aqueles que ficam tem o dever de reconstruir uma nação, porém, que esta seja mais sólida na sua essência que deverá ser a PAZ sem distinção.

Que os irmãos maiores deste globo cumpram com sua parcela de bondade, auxiliando com a matéria e o conhecimento. Ajudem a fazer deste lar de sofrimento um lugar novo onde a prosperidade seja dinâmica e produtiva.

Ensina a este povo a retirar do seu trabalho o seu crescimento, a esmola é bem vinda porem rapidamente se escoa e se perde no tempo.

Ao povo, quando enterrar seus mortos, enterrem também o passado negativo para manter somente suas qualidades e novas perspectivas de uma vida melhor.

Lembrem-se daquelas pessoas obstinadas no bem e na caridade que deixaram suas vidas em solo Haitiano. Eram muitas, e merecem toda a gratidão.

A dor. Esta que chega a todos mostrando o quanto o ser humano é frágil e o que realmente tem valor nesta vida. Ela vem no silêncio, às vezes mansa, outras vezes feroz mostrando todo seu poder, ela é ruim aos nossos olhos, mas também é uma benção que nos acorda das ilusões mostrando o caminho reto e bom (falta-nos apenas compreensão para com ela).

A dor detona o sentimento de amor e solidariedade no coração alheio, mexe com as emoções e desta forma o mundo se abranda e uma ânsia de melhora se faz presente, é o oposto da violência que gera a discórdia e o sentimento de vingança.

A história tem demonstrado que muitos dos países que sofreram catástrofes ou destruição bélica, se reergueram e se tornaram melhores do que antes do acontecido (tudo graças à força de vontade e ação de seu povo).

O Haiti é o cômodo do momento desta grande casa que requer atenção e reforma, não podendo esquecer que existem outros Haiti precisando de ajuda e atenção.

A cada moeda que se coloca no progresso dos nossos irmãos necessitados, com certeza esta terá o melhor dividendo no futuro, ou seja, a gratidão de se ter dado um passo além de nós mesmos.

Qual o maior escopo da vida senão a felicidade.

Que cada um contribua com sua cota para construção desta.

Fica o agradecimento a todos os heróis desta empreitada que de alguma forma contribuíram, contribuem e contribuirão para reconstrução deste lar Haitiano.

Sergio Antonio Meneghetti   18/01/2010

===

Entre o envio do artigo e a resposta da White House aconteceu um fenômeno:

Na minha mente, eu via por várias vezes, uma mão enorme segurando pelas pontas dos dedos (indicador e polegar) uma pequena folha de papel.

Resumindo o que entendo desse caso:

Qual a probabilidade de alguém do interior do Brasil, não famoso ou do governo, enviar uma mensagem (traduzida pelo Google) para o presidente da nação mais rica do planeta e obter uma resposta pessoal do mesmo?

- Acho mais fácil ganhar na loteria.

Este é mais um fato que mostra o potencial desta ferramenta chamada intuição, uma vez que o que parecia ser um verdadeiro e improvável absurdo se tornou realidade.

Caso 04 – Baixo Odor

Praticamente todo mundo gosta de sentir o cheiro de coisa nova, e no caso automobilístico, esse "prazer" é mais acentuado.

Por motivos que não vêm ao caso neste contexto, as empresas automotivas se viram na necessidade de diminuir este odor proveniente dos componentes internos dos veículos.

Como geralmente as especificações nascem na unidade matriz das montadoras, e estas quase na sua totalidade são estrangeiras, os primeiros produtos a atenderem aos requisitos nesta área também nascem fora do país.

Para atender certa montadora de origem europeia, a empresa onde eu trabalhava importava um produto com especificações para atender ao novo requisito: "Baixo Odor".

Importar qualquer produto apresenta vários agravantes, dentre os quais o preço, o custo logístico e armazenagem. Assim, a empresa em que eu trabalhava questionou tecnicamente a possibilidade de produzir este produto internamente. A resposta técnica foi a seguinte: "para produzir este tipo de produto seria necessário importar uma resina "X" de uma unidade específica da Inglaterra e também montar um processo pós-produção com um custo em torno de seis milhões de Dólares".

Os custos para esta finalidade e o consumo, não tão expressivo internamente, inviabilizou este projeto.

Como já havia a vitória anteriormente mencionada no caso 01 deste capítulo, ousei fazer o mesmo com este tipo de produto.

Quando a gente quer algo sinceramente para uma boa finalidade, as coisas começam a vir ao nosso encontro.

Em conversa com um fornecedor apareceu o primeiro passo e, com a ajuda da Intuição, nasceu o segundo importante passo.

Atendendo ao que foi intuído, fiz o mesmo caminho do anterior, ou seja, segui o que veio na mente e atuei no processo e testes.

O resultado foi positivo. Dias depois acompanhei testes na unidade fabril em dois tipos de equipamentos e os resultados se mantiveram positivos também.

Ali nascia mais uma conquista importante para a empresa e para os clientes, uma vez que daria mais segurança produzir e distribuir um produto interno do que todo o trâmite e custos de importação.

O elemento mais importante deste caso citado foi a tecnologia gerada, tendo também os custos ficado de acordo e competitivos.

Mais uma vez a intuição, ou processo psíquico foi determinante no progresso da empresa.

Tomada de Decisão

Caso 01 – No início de 2010 eu estava para resolver um negócio imobiliário e, caso este não tivesse uma solução rápida, eu correria o risco de perder dois imóveis.

Meu imóvel em Santo André foi hipotecado para levantar fundos para a construção de um maior, onde a venda deste teria como objetivo poder terminar a construção do imóvel em Pindamonhangaba e resgatar a hipoteca.

Assim, eu tinha que tomar uma decisão urgente que resolveria a situação. Apareceu uma alternativa, porém, estava aquém do valor esperado. Busquei informações e ajuda para poder decidir, mas, sem sucesso. Certo momento minha esposa falou-me:

- Bem! Você não escreveu um livro sobre a Intuição?

- Utilize a sua intuição!

Foi o que fiz.

Preparei-me durante a semana cuidando do equilíbrio emocional e espiritual. Coloquei a situação de duas formas:

A. Imaginei-me fechando o negócio proposto (a venda da casa de Santo André) que seria a salvação imediata, porém, por um valor 30% abaixo.

B. Imaginei-me não aceitando o negócio e esperando por algo melhor, mesmo correndo riscos.

Dei atenção ao meu coração, ou seja, a situação em que eu sentisse o coração tranquilo seria a opção a seguir, sendo a outra, com o coração apertado, descartada.

Resultado: o coração sentiu-se bem não fechando o negócio, apesar de poder me levar a perder tudo, e sendo um grande risco.

Respondi negativamente à oferta de compra. Graças a Deus e à ajuda da Intuição, outra oferta já estava em curso. Fechei nesta segunda opção por ser mais adequada às minhas exigências.

Foi uma grande tomada de decisão, na qual, sem a intuição eu teria dado atenção à razão e acabado fazendo "um péssimo negócio".

Caso 02 – Na noite do dia 12 de Abril de 1999 (meu aniversário) eu sonhei que quatro pessoas conhecidas estavam me convidando para ser sócio de uma pequena empresa. Um detalhe é que, no sonho, os quatros estavam com a fisionomia triste. Na manhã seguinte, em torno das 10 horas, um amigo da empresa chegou até mim e me convidou para fazer parte da sociedade da sua empresa, com mais três sócios. Imediatamente lembrei-me do sonho e entendi o mesmo como um aviso. Resultado: Entrei na sociedade como o quinto sócio.

Nesta empresa só houve grandes perdas monetárias da minha parte e muito sofrimento. Isto explicaria porque os vi com a fisionomia triste. É importante dar atenção aos detalhes da intuição, coisa que, na época, eu não fiz.

O que tirei de bom deste tempo como sócio foi a experiência e a coragem, tendo sido nesta empresa que escrevi o meu primeiro poema "A Escrita". Esta poesia abriu as portas para o que realizo hoje. Mesmo do sofrimento podemos retirar coisas boas, reforçando a tese de que o sofrimento é a mola que nos impulsiona para o progresso pessoal. Neste caso, veio por meio do sonho.

Caso 03 – Por um tempo envolvida no ramo plástico, minha esposa comercializava material reciclado (material de boa qualidade). Certa vez, ela tinha que efetuar a venda de um bom material para um cliente desconhecido. Neste caso, vale salientar que, neste mercado paralelo, existem ótimas pessoas mas também pessoas não tão honestas.

Minha esposa, ao ver a possibilidade da venda, ligou-me e perguntou se poderia fechar negócio com esta pessoa, já que ele levaria todo o material, de valor considerável (para nossos ganhos), e daria um cheque como forma de pagamento. Era um risco potencial pois poderia se tratar de um cheque sem fundos.

Eu fiz o que tradicionalmente faço e lhe dei a resposta positivamente, ou seja, "pode confiar". Realmente, neste caso, o cliente levou o material e pagou corretamente.

Outro caso similar aconteceu na compra de um outro material de valor elevado, o qual viria de um novo fornecedor. O pagamento seria a vista e o fornecedor era de uma cidade distante. Tratando-se de sucata plástica, é considerado que possa surgir problemas, tais como contaminação por mistura, limpeza ou troca por similar.   Orientados pela intuição, o material foi comprado e a qualidade realmente estava dentro do esperado, tendo o resultado sido positivo.

A importância da intuição na tomada de decisão está sempre em função do impacto que esta irá gerar. No caso de uma grande empresa, pode envolver milhões ou até o futuro da mesma. No caso de uma família ou pessoal, o impacto é aparentemente menor, mas pode significar muito para quem está diretamente envolvido.

Ciência

Após os casos mencionados que eu, particularmente, tive a oportunidade e a experiência de vivenciar, chegamos então a uma seção bem específica em que temos a oportunidade de mostrar casos reais e afins com o tema do livro: a ciência. Tais casos são importantes para apresentar a intuição como importante ferramenta complementar de apoio à pesquisa e de direcionamento dos seus caminhos, sem fugir da metodologia rigorosa.

Caso 01 - Quando eu escrevia a obra "A Reconstrução do Universo" em Orlando, no ano de 2015, eu tinha muita dúvida de como algo poderia se expandir no "nada".

Digo isso porque, segundo a Teoria do Big Bang, um ponto se projetaria formando matéria no espaço, gerando volume, mesmo que ínfimo.

Enquanto me questionava, deitei-me, olhando para o teto do quarto. De repente, surgiu na minha mente, na forma de pensamento mais forte, o seguinte questionamento:

Imagine se você tirasse o teto e as paredes do quarto, imagine tirar todos os objetos, inclusive todos os astros do céu. Agora imagine um vazio infinito. Agora, imagine que este infinito vazio é um mar de energias dinâmicas tão ínfimas que nenhum instrumento possa medi-las. Este é o celeiro de energias para se formar a matéria e tudo o que você vê.

Neste momento, entendi que não há o "nada", mas algo que foge à nossa compreensão racional e analítica. Que a Dimensão Espacial só é possível pela condensação dessas energias. Dessa forma, somente com a presença de matéria essa dimensão pode existir.

Caso 02 - Certa tarde, entre os anos de 2017 e 2018, eu estava em frente ao meu computador para iniciar os meus trabalhos. Não estava pensando no assunto.

De repente, à minha esquerda, formou-se, como que projetada holograficamente, a imagem de uma espécie de metal do tamanho de um caroço de pêssego. A cor era similar à do bronze e, no centro, parecia um bronze avermelhado. Próximo à extremidade inferior, havia uma onda com pontas agudas na cor de lava vulcânica incandescente. À medida que a onda se aderia ao objeto, a sua incandescência ia se apagando e ela ia se tornando parte daquele objeto. Esse fenômeno demorou alguns segundos, mas o contemplei em câmera lenta.

Ao mesmo tempo em que o fenômeno era visualizado, veio a informação na forma de pensamento:

É assim que se forma a matéria!

Devo ressaltar que esta visão não era como vemos as coisas naturalmente e também não era um pensamento. Foi como "enxergar com a mente".

Analisando o fenômeno e descrevendo o processo e as informações que a visão queria passar, as conclusões às quais cheguei foram as seguintes:

- O objeto, na verdade, girava em altíssima velocidade ao redor do seu eixo;

- As lombadas pontiagudas mostram que o objeto era formado por ondas de altíssimas energia e velocidade;

- A aderência: é como as moléculas de ar que aderem a um tornado, integrando-o e aumentando-o em tamanho e potencial;

- A cor de bronze expressa a velocidade das ondas enroladas.

Vejamos a lógica física do fenômeno.

A concentração de energia (ondas) só poderia acontecer como uma espécie de novelo de lã sendo enrolado. Uma das características da onda é a sua projeção linear, como ocorre com os cabos espiralados dos telefones antigos. A melhor forma de empacotar uma linha é enrolá-la sobre o próprio eixo em um novelo de lã, resultando em uma esfera, uma partícula. Essa é a única maneira de concentrar uma alta quantidade de energia em um ponto.

Caso 03 - Lembra-se de quando me foi mostrada a Formação da Matéria? Minutos depois, aquela visão foi seguida por outra.

Ao meu lado, formou-se um disco gasoso de dois metros de diâmetro e trinta centímetros de espessura com o centro vazio. Ele girava lentamente e eu sabia que era uma galáxia. Segundos depois, eu me via no seu centro – sua parte vazia – e observava ondas luminosas que desciam junto a fluxos escuros vorticosos. Era como um ralo com a água arrastando fios luminosos em seu vórtice.

A informação e o entendimento do processo vieram instantaneamente.

Caso 04 – Na manhã de 19 de junho de 2018, surgiu em minha mente, enquanto secava as mãos no banheiro, uma imagem clara do Universo: uma espiral cheia de galáxias – e a ideia de que a luz acompanhava o fluxo dessa curvatura.

Em outras palavras, a luz acompanharia a curvatura dos braços dessa construção na forma de espiral.

Dei atenção a esse fenômeno por não se tratar de um pensamento comum e porque eu não estava pensando no assunto. Veio rápido e com a informação, ou entendimento, do que estava acontecendo. Essa é uma das características da Intuição.

Simplificando a informação, a luz, em grandes distâncias, acompanha a tessitura do universo ou as curvaturas que não podemos detectar ou perceber devido a uma observação de dentro do conjunto. Seria similar a uma bactéria querer descrever a forma do seu hospedeiro.

Acredito que o novo telescópio **James Webb**, lançado em 25 de dezembro de 2021, poderá mostrar o universo com maior amplitude, ultrapassando os famosos 13,8 bilhões de anos estimados pela Teoria do Big Bang e, dessa forma, visualizar o que foi descrito acima (<u>vórtices compostos por galáxias</u>).

Caso 05 – O Nascimento do Hidrogênio e o Crescimento Atômico. Desde outubro de 2023, eu tinha imaginado como descrever o processo físico da transmutação do núcleo atômico para a formação do átomo, mas eu confesso que não sabia como isso acontecia.

No íntimo, eu tinha a intuição de que eu descobriria qual seria esse caminho de como acontece na intimidade do átomo esse crescimento.

No dia 19 de dezembro de 2023, eu tive a grata experiência intuitiva do funcionamento desse mecanismo. A informação veio rápida e surpreendente, pois estava fora das minhas deduções analíticas enquanto observava os cinco átomos apresentados acima.

A informação veio na forma de pensamento (pode-se utilizar o termo *Insight* neste caso): o elétron que orbita o hidrogênio provinha do nêutron. Depois dessa informação, fui verificar rapidamente a comparação dos elementos hidrogênio, deutério e trítio. A ideia começou a fazer sentido e, logo em seguida, comparei com o hélio-3 e com o hélio. Para a minha alegria, a ideia se encaixava certinho como peças em um quebra-cabeça.

A emoção foi tão grande que chorei de felicidade. Ali estava a chave para as minhas questões. E, apesar de parecer absurda a ideia quando olhamos pela primeira vez, graças à Intuição e ao trabalho analítico, faz todo o sentido.

As informações detalhadas desses casos científicos estão nas obras:

- Do Hidrogênio ao Hélio – Sem Fusão Nuclear

(Versão em português);

- The Quantum World and the Expansion of the Universe - Cosmological Model by Vortices

(Versão em inglês escrita em parceria com um importante cientista da Universidade Estadual do Kansas – Dr. Lior Shamir).

Para quem gosta de ciência, esses dois livros são revolucionários.

Casos Variados

Caso 01 - Programa da Marinha dos EUA para estudar como as tropas usam a intuição

POR CHANNING JOSEPH
27 DE MARÇO DE 2012 17H09 27 de março de 2012 17h09 5

A Marinha dos Estados Unidos iniciou um programa para investigar como os militares podem ser treinados para melhorar o seu "sexto sentido", ou habilidade intuitiva, durante o combate e outras missões.

A ideia do projeto vem, em grande parte, do testemunho de tropas no Iraque e no Afeganistão que relataram uma sensação inexplicável de perigo pouco antes de encontrarem um ataque inimigo ou colidirem com um dispositivo explosivo improvisado, disseram cientistas da Marinha.

(Créditos: The New York Times – www.nytimes.com)

Caso 02 - *Podemos confiar em nossa intuição?*

<u>*Laura Kutsch*</u> *em 15 de agosto de 2019*

Conforme o mundo se torna mais complexo, tomar decisões se torna mais difícil. É melhor depender de uma análise cuidadosa ou confiar em seu instinto?

"Eu sigo minhas intuições", diz a investidora Judith Williams. Claro, você pode pensar, "eu também," - se a escolha for entre chocolate e sorvete de baunilha. Mas Williams está lidando com dinheiro real na casa dos cinco e seis dígitos.

Williams é um dos leões do programa The Lions' Den, um programa de televisão alemão semelhante a Shark Tank. Ela e outros participantes investem seu próprio dinheiro em ideias de negócios apresentadas pelos concorrentes. Ela não é a única que confia em seu instinto. A intuição, ao que parece, está em alta: as livrarias estão cheias de guias nos aconselhando sobre como curar, comer ou investir intuitivamente. Eles prometem liberar nossa sabedoria interior e forças que ainda não sabemos que temos.

(Créditos: Scientific American – www.scientificamerican.com)

Caso 03 - *Intuição de um professor*

Os professores contam com ele, muitas vezes dezenas de vezes, todos os dias em suas salas de aula. Às vezes funciona; às vezes não. Geralmente fica mais fácil confiar na experiência.

POR LORY HOUGH

A aula que ela ministrou em Larsen G08 tinha acabado de terminar e Kitty Boles, Ed.D.'91, então professora sênior, estava arrumando seus materiais quando um jovem de 20 anos se aproximou dela e disse que estava se preparando para ser professor de física. O jovem também disse a Boles que ela havia sido sua professora da terceira série em

Brooklin, 15 anos antes e que ele se lembrava, mais do que tudo, de algo que fez uma grande diferença: seus abraços.

Boles se lembrou do menino e de como sua família acabara de se mudar do Irã para a região. Ela lembrou que ele não falava inglês e estava morrendo de medo. Ela também se lembrava de tê-lo abraçado.

"Foi intuitivo para mim abraçá-lo", diz ela, "para fazê-lo se sentir seguro e amado". - Kitty Boles

Embora Boles fosse uma nova professora assustada naquela época, ela "sentiu" o que seu aluno precisava naquele momento, não com base em notas de testes ou dados científicos fornecidos a ela por um administrador, mas com base em algo que os professores usam todos os dias, muitas vezes centenas de vezes ao dia: intuição.

Às vezes chamada de intuição, ou sexto sentido, mesmo um sentido de Aranha, a intuição é a habilidade de ler uma situação e saber algo, sem prova ou raciocínio consciente. É o "conhecimento sutil", escreve Sophy Burnham em The Art of Intuition , "sem nunca ter ideia de por que você o conhece".

Em muitas profissões, especialmente aquelas que requerem tomadas de decisão na velocidade da luz, como combate a incêndios ou medicina, a capacidade de acessar nosso senso intuitivo é crítica. Em 2015, a Marinha dos Estados Unidos até começou um programa para investigar como os militares poderiam melhorar suas habilidades intuitivas durante o combate, após discussões com soldados retornando do destacamento que disseram que suas intuições muitas vezes os alertavam para um perigo iminente, mesmo quando informações confiáveis não estariam disponíveis.

A profissão docente não é diferente. Embora os professores geralmente não lidem com situações perigosas ou de risco de vida, as salas de aula são complexas e as situações *mudam rapidamente. Como Anjali Nirmalan, Ed.M.'17, aponta, "a intuição é extremamente importante para um professor em uma sala cheia de outros humanos - no meu caso, mais de 30! - com um espectro de suas próprias necessidades. "*

(Créditos: Ed. Harvard Ed. Magazine – www.gse.harvard.edu)

Caso 04 - *Jeff Bezos e o papel da intuição na tomada de decisões*

Por Sean P. Murray 9 de outubro de 2018

Quando se trata de tomada de decisão, Jeff Bezos se sente bem confiando em sua intuição. Isso pode ser uma surpresa, dada a reputação da Amazon em análise de dados. Bezos disse no passado: "Nosso sucesso na Amazon é uma função de quantas experiências fazemos por ano, por mês, por semana, por dia".

Julgando apenas por esta citação, pode-se imaginar que os funcionários da Amazon são como cientistas em laboratório, acompanhando cuidadosamente os resultados dos experimentos e analisando os dados para tomar cada decisão. No entanto, essa analogia seria enganosa. Embora a cultura de experimentação na Amazon seja forte, existem algumas decisões que simplesmente não se prestam à análise dos dados. Assim falou Bezos:

"Todas as minhas melhores decisões nos negócios e na vida foram feitas com o coração e com a intuição - não por meio da análise. Quando você pode tomar uma decisão com a análise, você deve fazê-lo, mas acontece na vida que suas decisões mais importantes são sempre feitas com instinto, intuição, gosto, coração. "

(Créditos a: www.RealTimePerformance.com)

Caso 05 – Amendoim.

Em 2019, fui comprar amendoim cru em um pequeno mercado.

Como havia acabado os pacotes da prateleira, solicitei ao funcionário do mercado para pesar três pacotes de 500 gramas cada.

O primeiro pacote deu a primeira pesagem 500 gramas certinha. Já na próxima, comentei que daria 503 gramas, resultado, deu as 503g, no terceiro pacote, falei que daria 518 gramas, para espanto do funcionário, de um cliente que acompanhava ao lado e para mim também, deu as 518 gramas. O cliente ao lado até pediu os números da loteria pra mim.

Pode parecer sorte dupla, mas foram os valores que vieram na minha mente instantaneamente, ou seja, informações futuras. Ou para ser mais específico, ação da Intuição.

Caso 06 – Amiga da Shirlei.

Numa tarde de 2020, eu estava cortando a grama do fundo do meu quintal, enquanto cortava, veio a lembrança forte da minha amiga Shirlei que reside no Rio de Janeiro. Após segundos do pensamento, minha esposa sai na varanda e comenta:

- *Acho que morreu alguém da família da sua amiga Shirlei! Vi agora "Luto" no perfil do Facebook dela.*

Pensei que era o marido dela que teve problemas de saúde, mas conversando com ela, fiquei sabendo que era uma amiga dela que morava no exterior.

Este tipo de fenômeno acontece com muita gente, algo até natural. Pensar em alguém e logo vem a notícia desta pessoa.

A pergunta é como ocorre este fenômeno e qual a sua importância no contexto científico.

Estamos falando de refinamento psíquico da civilização, ou, percepção através de captação na forma de ondas de situações as mais variadas. São fragmentos de algo muito maior que está por vir em benefício do ser humano, e do progresso em todas as áreas do conhecimento.

Neste exemplo corriqueiro, está presente uma ciência profunda e sutil, o treinamento do potencial mental psíquico para novas escaladas. Este tipo de manifestação, pode ocorrer para situações mais importantes, como na área científica, por exemplo.

A pirâmide do saber começa com as pedras da base.

9

Dicas de Preparação Pessoal

Você já deve ter observado alguns dos meus comportamentos que antecederam a intuição.

Não vou ditar regras de como obter as melhores condições de equilíbrio e sintonia para perceber a intuição, mas, posso dar algumas dicas que irão auxiliar muito.

Cada ser humano está em um degrau evolutivo e também tem suas afinidades particulares. Uns se sentem tranquilos com música erudita, outros com rock, ou samba, não importa, o que importa é estar bem consigo mesmo, e tranquilo para **se observar intimamente.**

É muito importante começar a identificar os pensamentos, no sentido de saber o que é de origem da sua mente e o que é de procedência externa.

Importante também pensar logicamente, por exemplo: Quando sintonizarmos um rádio numa emissora ruim, naturalmente receberemos conteúdo ruim. Por este motivo é bom estar sintonizado numa boa rádio, para receber e captar coisas boas.

Para você refletir: Você já percebeu que, quando estamos chateados com uma pessoa, muitas vezes travamos uma verdadeira luta mental?

Será que é só pensamento nosso?

Será que a nossa rádio mental não está captando ondas mentais de outras fontes não boas?

Por outro lado, você já percebeu que, quando você está equilibrado, ou realiza coisas boas para o seu próximo, a mente vibra mais forte e vêm pensamentos agradáveis e bons?

Assim é o ser humano. Uma verdadeira máquina que interage com tudo e sofre os mais variados efeitos. A opção é nossa de escolher o que nos convém de melhor.

Observe que existe uma ciência interessante e lógica, no conceito abstrato do pensamento, do sentimento e da moral.

Já parou para pensar que na verdade, eu não estou apenas falando e demonstrando uma ferramenta psíquica, mas também fundindo a ciência, a religião e a filosofia. E desta forma mostrando com lógica e fato, argumentos para que "você" se torne uma ferramenta viva melhor e mais refinada. Aí está o segredo de uma boa recepção intuitiva e inspirativa.

Sei que não é fácil, pois sinto isto na pele, e só com muito esforço é possível escalar o monte do nosso crescimento interior.

Percebe que o trabalho em toda sua gama de possibilidades vai tomando uma característica mais altruísta, e não simplesmente algo para você ganhar o seu pão?

Que magnífico esse caminho, que nos proporciona o crescimento profissional, o desenvolvimento pessoal e assim beneficia a quem tanto amamos.

Aqui eu estou antecipando uma tendência que será obrigatória no futuro de todos os envolvidos, seja o profissional, o empresário, o empreendedor, o estudante e o pesquisador.

Com esta visão você já estará dando passos mais largos.

Escolha um cantinho seu, pode ser no seu trabalho, na sua casa ou outro local, mas faça deste pedaço, um local especial onde você possa se elevar mental e espiritualmente.

No meu caso particular, eu escolhia um local no trabalho para esta finalidade e em casa a mesma coisa.

Faça prece, oração ou simplesmente pense em coisas boas neste local, não importam as nomenclaturas da ação, mas a boa intenção.

Este ambiente sofrerá a sua ação positiva e você estará impregnando o ambiente de energias positivas, que facilitarão coisas positivas. É física pura.

Vale repetir uma coisa essencial: A Razão atrapalha a Intuição, desta forma solte a sua mente, deixe a mente percorrer seus caminhos naturais e ela encontrará as repostas para as suas necessidades. É normal as pessoas comentarem que pensavam muito na solução de um problema e não conseguiam respostas, mas quando estavam em um ambiente descontraído ou no lazer, as respostas vinham na mente sem que estas pessoas estivessem pensando naquele assunto.

Meditação é algo que ajuda muito a silenciar a mente e eleva a conexão com coisas boas. No meu caso eu não utilizo esta prática, mas cada indivíduo tem as suas características e peculiaridades.

Sobre regras, eu digo que as únicas a serem seguidas são quanto à segurança pessoal (integridade física) e a do próximo, e o respeito a tudo e a todos. No mais, você tem que ter liberdade no como fazer e pensar.

Alguns sintomas que acontecem comigo e que talvez aconteçam com você:

Quando estou indo fazer alguma coisa e sinto uma vontade que se manifesta de maneira diferente do que eu iria fazer inicialmente, eu deixo este sentido me levar. Muitas vezes, nesta nova opção, eu me deparei com situações ou pessoas que foram importantes para mim.

Outra coisa, eu observo o meu coração, quando está apertado, é porque algo não bom está acontecendo ou pode acontecer. Exemplo: Certa vez fui a um local e meu coração apertou demais, dando até certo medo, resultado, fui assaltado.

Pode parecer estranho, mas o coração é uma ótima bússola que nos orienta. Isto já está ligado ao campo das energias, onde tudo está conectado, e onde o tempo e espaço perdem as suas características.

Tudo isto que comento, acontece como fenômenos físicos e químicos, e somente requerem mais estudos e atenção.

- Se você é **Empreendedor**, pense nos seus projetos e solte a mente. As melhores respostas virão. Você sabe melhor do que eu, o quanto uma boa ideia gerou de grandes negócios nos últimos tempos. Aproveite para tirar o melhor proveito de uma situação. Não me refiro a vantagens, principalmente se trouxer prejuízo ao próximo, mas tenha ideias sintéticas. Em outras palavras, observe o quanto o progresso na TI diminuiu, em tempo e custos, nos processos e negócios.

No universo existe uma lei de economia gerando preservação: Fazer o máximo utilizando o mínimo de recursos. Observe que geralmente a natureza utiliza somente o necessário e da melhor forma possível.

Ficar tranquilo é o melhor exercício para dar vazão às boas ideias. Repito: o racional atrapalha a entrada ou visão de novas ideias.

No meu trabalho, eu procuro ser o mais autêntico possível, ou seja, criar a minha própria matéria-prima para construir algo.

A minha <u>maior ferramenta é o pensamento</u>, assim, esta ferramenta tem que estar sempre afiada.

Geralmente a ideia de um novo negócio chega fragmentada como eu comentei anteriormente, o importante é perceber este primeiro fragmento e trabalhar a ideia.

Vale lembrar que uma planta nasce de uma pequenina semente.

Eu quero um dia ter a grata notícia de que os meus leitores tiveram êxito em suas investidas.

Desde já peço a Deus que te ajude na sua vida e no seu trabalho. Pensamento é forma.

- Se você é **Profissional**, pense no bem-estar da empresa e deixe as boas ideias fluírem. Não deixe as ideias mofarem na sua cabeça, tenha fé e coragem, e apresente as ideias para a empresa. O pensamento sem ação não gera progresso. Uma empresa robusta cresce e garante o pão de cada dia de seus colaboradores.

Quando eu era empregado, eu sempre procurava uma forma mais prática e rápida de executar o mesmo serviço, isto independentemente de alguém solicitar, era pelo simples prazer de me autodesenvolver. Não é importante o seu tamanho na empresa, todas as áreas podem sofrer melhorias. Se alguém executar o mesmo trabalho de forma melhor, adote o mesmo método, é acréscimo de aprendizado que lhe ajudará no futuro com mais uma visão.

Graças a Deus consegui trabalhar em grandes empresas: Lyondellbasell, Polibrasil, Chevron, Scania, IPEN (Instituto de Pesquisas Energéticas e Nucleares), Oxiteno Química. Assim cresci muito pelas estruturas destas empresas.

Apesar de não ser mensurado ou comprovado, mas toda energia que você depositar no seu trabalho produzindo algo bom, pode ter "certeza", você estará gerando um mérito no universo, e em algum momento este mérito retorna a você, seja na mesma empresa ou em outra ocasião. É lei da física, toda ação gera uma reação (causas físicas geram efeitos morais, e causas morais geram efeitos físicos). Aprendi isto na obra "Grandes Mensagens" de Pietro Ubaldi e constatei na prática, na minha existência.

Se você atua no setor de desenvolvimento, **tenha em mente** que as grandes resoluções, novos métodos e produtos, **devem** acontecer fora do caminho tradicional. Só assim acontece o novo, de outra forma é só continuidade ou saturação de um processo.

Gostaria de estar ao seu lado nos momentos de dúvidas, mas como não é possível, lembre-se: **Você também pode ter êxito.** Nós ainda somos desconhecedores do nosso potencial, a mente é muito poderosa e tem o poder de materializar situações. Recorrendo ao Evangelho (sem o lado místico da coisa), quando Jesus falou:

- Se você tiver a fé do tamanho de um grão de mostarda e falar para o monte se mover, o monte se moverá.

Nesta frase, que é uma simbologia, Jesus está nos falando do potencial da mente e o seu poder de manipular a matéria, as energias e as situações.

Observe que dentro da religiosidade pura, está uma ciência mais profunda e sábia.

E tudo isso está em latência dentro do ser humano.

Concorda, que se você conseguir um processo ou projeto de forma rápida e econômica, você estará economizando vários recursos e assim gerando progresso de forma sustentável? Esta sua importante ação estará gerando um mundo melhor. Este não é um dos sentidos da vida?

Quando eu estou envolvido em um processo novo, eu procuro conhecer o máximo deste assunto, e me imaginar percorrendo todo o processo como se eu estivesse dentro, navegando nas suas fases. A melhor forma de conhecer um fenômeno é procurar participar intimamente do fenômeno.

Para ficar mais claro segue um exemplo:

Como eu trabalhava com mistura de polímeros no sentido de gerar compostos com melhores propriedades, eu imaginava cada resina fundindo dentro da extrusora. Imaginava as resinas se misturando como se estivesse vendo o acontecimento dentro do processo. Para quem não sabe deste tipo de processo, imagine você misturando manteiga com óleo vegetal, é difícil a frio, mas se aquecer controladamente, acontecerá uma mistura ideal e homogênea, assim seu produto terá as melhores características. Cada processo e produto terão suas características ideais, e nem sempre o ideal é a forma atual do "como" fazer. Quando obtive minhas conquistas, estas vieram por uma forma fora do empirismo ou progressão do método tradicional. "Lembre-se do processo de saturação de uma tecnologia", coisa do tipo Disco de Vinil X CD, depois CD X MP3 e por aí vai.

Reúna-se com o grupo e aceite todas as ideias, mesmo as mais absurdas aparentemente. Se vier este tipo de ideia absurda e houver contestação, mas você sente intimamente este caminho, siga em frente e procure realizá-lo, mesmo se colocando em situações de risco pessoal com os demais colegas do grupo ou chefe. **Não risco referente à segurança ou regras importantes da empresa.** Muitas de minhas conquistas foram obtidas na teimosia e anonimato. Fiz por conta e risco. Após os bons resultados, comuniquei aos envolvidos.

Realizei vários estudos nas brechas de tempo e no anonimato, pois, naturalmente teria o "não" das pessoas responsáveis (hierarquia).

Devo avisar: O mundo está pronto a dizer "não" a algo que não compreende, assim, a vida do cientista da pura ciência sofre. Voltando ao Einstein: Ele enviou várias cartas sobre sua teoria, somente Max Planck lhe deu atenção, e mesmo assim foi uma luta para conseguir pessoas que se dispusessem a testar a sua teoria, e somente após anos foi confirmada.

Quando falo da minha pessoa, não é para ser enaltecido, mas tenho que falar da profundidade da minha vivência, no sentido que você se identifique e saiba que é possível.

Quando eu transmito algo para você, é por ter vivenciado e provado o funcionamento da Intuição ou processo psíquico.

- Se você é **Dono** da empresa ou negócio, naturalmente você irá necessitar de visão estratégica, tomada de decisões certeiras e rápidas. <u>Observe muito o seu coração</u> imaginando as possibilidades a sua frente. Exemplo:

Você tem duas opções, e só uma é ideal para o futuro. Imagine você optando pela condição "A" e perceba o seu coração. Depois imagine optando pela condição "B" e observe novamente o seu coração. A opção que lhe transmitir paz e tranquilidade será a melhor a seguir. Quando uma opção lhe oprimir o coração dando um ar de medo e insegurança, caia fora, mesmo que pareça uma coisa boa no momento. São importantes uma boa análise e o bom senso.

Lembre-se que o seu estado emocional é muito importante neste momento. Se tomar decisões com a cabeça quente, você poderá estar aberto a inspirações traiçoeiras. O equilíbrio é vital neste momento.

Você é a pessoa mais poderosa do seu negócio, então, você tem a visão mais completa sobre ele, assim você tem autonomia para tomar decisões que podem alterar o rumo da empresa. A sua Intuição realizará mudanças importantes no conjunto. Lembrando que a sua empresa não tem apenas a função de gerar lucros, mas o progresso e bem-estar de dezenas, centenas ou milhares de pessoas. Você tem um compromisso maior com a Criação, acredite ou não. E todo o bem que fizer ao planeta terá seu prêmio, assim também todo mal que fizer terá seus efeitos. Lembre-se, os primeiros beneficiados pelo seu sucesso, serão aqueles que lhe são mais caros ao coração. Todos queremos fazer o melhor para os que estão ao nosso lado.

Dê liberdade a todas as camadas da corporação, para que produzam e apresentem as suas ideias. Sem descartar as aparentemente absurdas.

Não ouça apenas os seus subordinados diretos, mas ouça do menor ao maior na escala hierárquica. Nem sempre as boas ideias chegam pelas vias normais, devido às características do ser humano. Existe muito bloqueio entre você e a outra ponta da hierarquia. Repito: Vá até a outra ponta e venha perguntado a todos o que eles teriam de ideias para melhorar os processos e os negócios.

A sua primeira conquista será o sentimento de valorização da equipe. O resultado será o empenho da maioria em lhe ajudar. O segundo fato, será um bem-estar no seu coração, e uma experiência nova que lhe enriquecerá, tanto financeiramente quanto espiritualmente. É praticamente impossível separar o trabalho dos sentimentos. Os profissionais reagem de acordo com o que sentem. Pura lógica.

- Se você é **Estudante**, você estará aumentando a sua bagagem de como atuar no futuro. Estará antecipando uma tendência.

Uma sugestão para complementar este estudo é o meu livro: "**Intuição, Ferramenta de Trabalho**", pois neste livro eu dou dicas de como melhorar a atuação no ambiente profissional. Importante também para quem está na ativa.

Neste trabalho tenho realçado o aprendizado de dentro para fora, processo este contrário ao de fora para dentro. O quanto antes o ser humano tiver consciência deste fato, mais rápido conseguirá avançar.

Já imaginou a diferença entre você consciente deste fato e aqueles que ainda não o conhecem? Não quero propor disputa, mas alertar que você estará mais bem preparado.

Você já deve ter ouvido, ou visto alguém comentar, que o que se aprende nas escolas é somente resultado do passado. Estão corretos sobre isto. É lógico. Você sempre receberá algo já mastigado, a não ser quando é investido a desenvolver novos projetos. Será nestes novos projetos que você poderá fazer a diferença com uma nova mentalidade e ousadia.

Como eu citei com outras palavras, ser inteligente não é só tirar notas altas e responder ao máximo de questões aprendidas, mas "também" ter notas medianas e ter facilidade de como resolver questões novas e fazer acontecer.

A vida é feita de diferenças para que o mundo tenha todas as peças em seus lugares, desta forma funcionará com harmonia. E não importa a função de cada indivíduo, todos são extremamente importantes no contexto geral.

Nesta obra estou me referindo a varias situações, então procure extrair o máximo de informações para o <u>seu</u> crescimento enquanto não está na ativa. Pense como o profissional, como o empreendedor, e como o pesquisador, mas acima de tudo, pense como você mesmo, e tenha em mente que você PODE realizar grandes obras no futuro.

- Se você é **Pesquisador,** a intuição é vital, pois, as grandes descobertas vieram pelo processo intuitivo, mesmo as mentes não tendo noção deste fato. Se você só aceitar o que a ciência propõe como regras (exceto leis imutáveis), você estará fazendo pouco progresso. A ousadia é fundamental. A ciência caminha para um beco científico, e por mais refinados que sejam os instrumentos, e quanto mais se aprofundar na ciência pura dos fenômenos, faltarão respostas. Estudar fenômenos físicos e químicos no campo da energia e matéria é uma coisa, mas quando a ciência se depara com fenômenos conceituais, somente uma compreensão psíquica e intuitiva poderá dar respostas. Vou mais longe neste assunto. A Intuição é, e será, a maior e melhor ferramenta de pesquisa que o ser humano terá em mãos.

Os exemplos falam mais alto, assim novamente vou utilizar a figura do grande gênio para mostrar um importante fato: Se Einstein não tivesse a ousadia de enfrentar Newton na sua Teoria da Gravidade ou gravitação, o mundo não teria importantes progressos hoje.

Veja que existe tanto valor na ousadia quanto no próprio conhecimento.

Uma observação quanto à ciência oficial:

Os cientistas na sua grande maioria descartam a religiosidade por considerarem que são repletas de "dogmas", ou seja, "é isto porque é assim e pronto". A própria ciência contém "dogmas" mais expressivos, pois tudo só é aceito se for testado em laboratório (seja este interno ou externo e até espacial), mas existem tantos fenômenos que a ciência não consegue explicar e não deixam de existir por isso. Outro fato é que muitos cientistas só conhecem superficialmente o outro lado da moeda, e utilizam seu conhecimento individual como parâmetro para aprovar ou não o fenômeno, em outras palavras, só é "verdade" se o cientista entender e aceitar. Neste momento o orgulho e a vaidade falam mais alto do que a própria ciência. Ouvem-se muitos absurdos expostos por doutos devido a sua grande visão do universo ou outras áreas, mas pobres em outras fontes de conhecimento. Aí fica uma questão:

- O grande gênio é aquele que conhece muito pelas pesquisas e acúmulo de informações com seus títulos acadêmicos? Ou aquele cientista que com pouca projeção ou conhecimento, descobre leis, fenômenos ou outros fatores que mudam o rumo da ciência e do progresso?

A minha pretensão não é criticar este ou aquele, mas mostrar para você que NUNCA se sinta obrigado a seguir o caminho aparentemente lógico imposto pelo meio científico, mas que você tenha a CORAGEM de seguir pelas suas próprias pernas e ideias.

Outra questão para você refletir:

- A ciência atual tomou como verdadeiro o processo evolutivo para que o universo chegasse até aqui. (Não vou entrar no mérito do Evolucionismo X Criacionismo)

- Se tudo é fruto da evolução, isto quer dizer que tudo evolui. Correto?

- Se tudo evolui, então tudo que existe sofre este processo. Certo?

- Se tudo evolui, então a energia (não importa qual) também tem que sofrer evolução. Correto?

- Se isto é verdade pela própria ciência oficial, será que as próprias energias geradas há bilhões de anos como a gravitação, ou lei de atração e repulsão não sofreram evolução?

- E o amor e o ódio? Não são energias com estas mesmas características de atração e repulsão?

Aí está mais um conceito atuando e provocando reações químicas na matéria. Só se pode registrar o reflexo deste conceito e não o conceito na sua essência.

Como pesquisar, perceber ou entender algo em que os instrumentos não têm ação?

Somente através da percepção psíquica pode o ser humano entender a fenomenologia conceitual.

Quantas vezes você já sentiu uma situação e não encontrou palavras para expressar ou explicar tal fato?

Não perca o senso da pesquisa pura, lance mão de todas as possibilidades.

Lembre-se: Eu também não sou o dono da verdade. Por isso, PESQUISE!!!!!!

Reforçando, tudo que os nossos sentidos e instrumentos registram são manifestações vibratórias da energia dinâmica. Estas manifestações tendem ao infinito, assim certamente existe um mar de manifestações que desconhecemos pela pobreza dos sentidos e dos instrumentos. Nunca despreze as possibilidades.

Só conhecemos uma parte da construção do universo no "Relativo", onde ocorrem as manifestações no tempo e no espaço. Imagine o que vem pela frente.

Para o pesquisador, a única porteira que deve existir é a ética.

Com estes conceitos de liberdade, deixo aqui mais um reforço: Coloque a Intuição e a Síntese à frente, e deixe a Razão e a Análise para trabalhar as informações obtidas.

Solte a sua mente e deixe o pensamento livre para desvendar os fenômenos rumo ao infinito.

A expansão da Consciência abrirá muitas portas:

Uma delas será a Telepatia.

Sobre o Autor

Sergio Antonio Meneghetti

São Paulo – Brasil
Cientista Intuitivo, Escritor, Palestrante e Químico.
Embaixador Universal da Paz – França – Genebra – Suíça –
Cercle Universel des Ambassadeurs de la Paix.

- *Membro da Associação Internacional Poetas*
- *Membro do movimento pela Paz – Poetas Del Mundo*
- *Membro da Fondation Franz Liszt – França*

Autor dos livros:

- **Intuição, Ferramenta de Trabalho – Autodesenvolvimento**
- **Intuition Working Tool - Autodesenvolvimento – versão Inglês – USA**
- **Intuição para Mulheres –** Autodesenvolvimento
- **Multiplicando a Genialidade** - Autodesenvolvimento
- **Multiplying the Genius Within** - Versão Inglês
- **Multiplicando la Genialidad** – Versão Espanhol
- **A Intuição no Avanço da Ciência e Tecnologia –** Autodesenvolvimento

- **A Reconstrução do Universo - Ciência.**
- **The Reconstruction of The Universe –** Versão Inglês.
- **Do Hidrogênio ao Hélio – Sem Fusão Nuclear –** Ciência
- **The Quantum World and the Expansion of the Universe - Cosmological Model by Vortices –** Ciência
- **O Fim Sem Fim do Universo –** **Ciência.**
- **Liberdade da Consciência -** Filosofia
- **A Construção do Pensamento -** Filosofia
- **Homem de Barro –** Filosofia
- **O Sertanejo de Goiás - Romance Ficção**
- **Vida de Água -** Romance Ficção
- **Gestão é Uma Arte - Gestão Humana**
- **For Those Who Work in New York -** Carreira
- **Socialmente Falando -** Sociologia
- **Paz no Mundo – Volume I – Poesias**
- **Paz no Mundo – Volume II – Poesias**
- **Sem Saber Sabino -** Contos
- **O Cavalinho Dourado - Infantil**
- **O Pequeno Florista - Infantil**
- **Emilião -** Infantil

Autor das Hipóteses Científicas por Percepção Psíquica Intuitiva:

- Nascimento do Hidrogênio e crescimento até o Hélio.
- Formação da Partícula Subatômica
- Curvatura da Luz em grandes distâncias (Expansão Curva do Universo).

Entrevistas:
- **Vanguarda TV**

- **Rede RVC TV (3)**
- **Band Vale TV**
- **AllTV- SP**
- **TV Taubaté**
- **Think TV**
- **Tatiana Fedatto (2)**
- **Agoravale**
- **Acontece Pinda**
- **Programa Corre Certo**
- **Rádio Difusora**
- **Rádio Rede Assim (3)**
- **Rádio Princesa**
- **Rádio Vale FM**
- **TVI – S. J. Campos**
- **Proza.Podcast**

Palestras:

- AJOP – Associação dos Jornalistas de Pindamonhangaba.

- Espaço Terapêutico e Artístico (Como Superar a Indústria 4.0 e a Inteligência Artificial).

- Hotel IBIS Taubaté (A Intuição na Sua Profissão)

- Nova Gokula Pindamonhangaba (Intuição, a ferramenta psíquica do futuro)

- Colégio Dr. João Romeiro Pindamonhangaba (Intuição nas Empresas)

- Faculdade Anhanguera Taubaté (Intuição nas Empresas)

- Faculdade de Pindamonhangaba FAPI (Intuição nas Empresas)

- Faculdade Anhanguera Pindamonhangaba (Intuição nas Empresas)

- Casa Espírita: Amor e Caridade – Orlando – Flórida – Estados Unidos.

Curso "Nexialismo para Líderes (NPL) pela UPPER Education.

Professores: Walter Longo – Flávio Tavares – Zé Luiz Tavares – Thiago Nigro – Jaime de Paula – Ricardo Nunes Kiko Kinslansky – Marcelo Molnar – Robson Henrique – **Sergio Antonio Meneghetti**

Empregos:

- **Lyondellbasell (Ex – Polibrasil)**
- **Chevron Química do Brasil**
- **Instituto de Pesquisas Energéticas e Nucleares – IPEN**
- **EMCA**
- **Atlas Indústrias Químicas (Oxiteno)**
- **SAAB SCANIA**

Agradecimentos Recebidos:

- Barack Obama - E-mail Presidencial (02/04/2010).
- Agradecimento do Papa Francisco ao *Cercle Universel des Ambassadeurs de la Paix*
- Honra ao Mérito por trabalhos Humanitários em prol da Cultura e da Paz – **Revista Zap** - 2009.
- Robson Miguel – Violonista N°1 do mundo
- Prêmio Destaque Poético 2013 – ALAF (Academia de Letras e Artes de Fortaleza)
- Instituto Ayrton Senna (em nome de Viviane Senna)
- Unidade Jardim Pueri Domus
- Rádio Nova Brasil FM
- Doutores da Alegria
- David Feffer "Grupo Suzano".

- Volker Trautz (CEO) internacional "LyondellBasell Industries"
- Destaque do mês na Polibrasil
- Bondinho Pão de Açúcar.

Participações:

- Revista: Segredos da Mente – matérias sobre a intuição em 3 edições.
- Convidado a participar: **ONU – BRAZILIAN PEACE, LITERATURE, SUSTAINABILITY AND ARTS** – 2016.
- Brazilusa Magazine Orlando (USA) – colunista.
- Jornal Tribuna do Norte
- Agora Vale – Coluna – Trabalho Intuição Etc. – Pindamonhangaba
- Participações com artigos e poesias nos sites e jornais:
- www.administradores.com.br/sergio59
- Dia-Dia-News
- Pensador – site UOL
- Vale Empresarial
- Rádio Raizonline – Portugal
- Revista Exemplar – colunista – Pindamonhangaba
- Contemporary Literary Horizon – Romênia
- Revista do Sindicato dos Químicos do ABC
- Rádio Mundial
- Jornal Villagenews – Pindamonhangaba
- Condomínio News
- STOP a Destruição do Mundo (ONG Internacional fundada em Paris – França) www.stop.org.br

- SITA – Sociedade Internacional de Trilogia Analítica
- Café Cultural – SESI – Santo André
- Jornal da Cidade – Pindamonhangaba
- Jornal do Brasil – Rio de Janeiro.
- JB Online – Rio de Janeiro.
- Jurado no Festipoema 2010 – 2022 - 2023
- Participação na Exposição – Consciência Negra – Museu de Pindamonhangaba

Homenagens Recebidas:

- Homenageado em 2017: Hellen Morais Raybbot Gonçalves – formando em Administração.
- Moção de Congratulações da Câmara de Vereadores de Pindamonhangaba - 2008.

Consagrações e participações em concursos poéticos (livros):

- Introdução: Cabo Verde – O Outro lado da Política (Carlos Fortes Lopes)
- Prefácio: Versos Soltos (Carlos Fortes Lopes – Cabo Verde)
- Antologia de Poetas Brasileiros volume 5.
- II Olimpíada Cultural – "500 Anos da Língua Portuguesa" 2005
- III Olimpíada Cultural – "500 Anos da Língua Portuguesa" 2006
- Livro de Ouro da Poesia Brasileira
- IV Seletiva de Poesia, Contos e Crônicas de Barra Bonita.
- Panorama Literário 2005/2006 (6500 inscritos).

- Novos Poetas Novos Talentos
- Poetas do Brasil
- Concurso Internacional do site Voz Di Studanti - (Cabo Verde).
- 4º Concurso Literário de Contos e Poesias
- Poetas Del Mundo em Poesias – volume I
- Antologia da Academia Pindamonhangabense de Letras (2012)
- Antologia "Mulheres Entrelaçadas" (Lançamento na Alemanha)
- Antologias eletrônicas: Fenix (Portugal) e Editora Pragmatha.
- Antologia Mensagens para o Futuro – 2020.
- Antologia A Volta – 2021.
- Antologia da Academia Pindamonhangabense de Letras (2022)

E-mail: sergio.livro07@gmail.com